시간의 미궁

한림SA **03**

SCIENTIFIC AMERICAN™

과거에서 미래로,
시간은 과연 흐르고 있을까?

시간의 미궁

사이언티픽 아메리칸 편집부 엮음
김일선 옮김

The Ultimate Paradox
A Question of Time

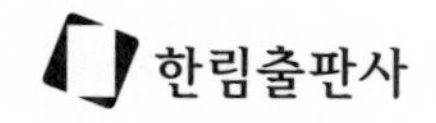

들어가며

지금은 몇 시일까?

간단해 보이는 질문이지만, 현대 문명 이전에는 흔치 않은 질문이었다. 고개만 돌리면 어디든 시계가 있을 정도로 모든 것이 시간에 맞춰서 움직이는 요즘 같은 사회에서, 지금이 몇 시인지를 알아내는 것은 일도 아니다. 시간을 점점 더 잘게 쪼개서 빡빡한 스케줄에 맞춰 사는 데 어느 누구도 저항하지 않는 시대다. 지금 시각은 저녁 7시 03분.

그러나 현대 과학이 시간에 대해서 알아내면 알아낼수록 모든 것이 점점 미궁 속으로 빠져 들어갔다. 시간이 무엇인지 명확히 알려고 '지금 이 순간'을 무한히 짧게 쪼개 들어가다 보면, 1억 분의 1초처럼 아주 짧은 시간과 만나게 된다. 빛의 속도와 신경 반응속도의 한계 때문에 인간이 느끼는 현재는 실제로 아주 순간적인, 결코 따라잡을 수 없는 과거다. 이론적으로도 실제의 현재와 우리가 느끼는 현재가 같은 순간일 수는 없다. 상대성 이론에 따르면 시간은 마치 이상한 물엿 같아서, 기차역에서보다 움직이는 기차에서 더 느리게 가고 계곡에서보다는 산꼭대기에서 더 빠르게 흐른다. 흔들리는 팔에 달려 있는 손목시계의 시간과 이보다 움직임이 덜한 우리 머릿속 시간이 다르게 가는 것이다. 지금은 대략 저녁 7시 04분.

인간의 직관이란 상당히 역설적이다. 시간은 모든 것을 치유하지만, 동시에 가장 강한 파괴력을 갖는다. 시간은 상대적이지만 절대 멈추지 않는다. 모든 일에는 시간이 필요하지만, 시간이 충분한 경우란 결코 없다. 시간은 때로 화살처럼 빠르지만, 또 때로는 굼벵이처럼 느리다. 몇 초의 시간은 순식간일 수도 있고, 영원처럼 길 수도 있다. 시간은 각자의 심장 박동처럼 개인적일 수도 있지만, 광장의 시계탑처럼 모두의 것이기도 하다. 누구나 이런 모순을 조화시키려 애쓴다. 지금은 저녁 7시 05분.

그리고 당연히, 시간은 돈이다. 시간은 변화의 동반자이자 속도를 내려면 이겨야 하는 존재이고, 한시도 주의를 게을리하면 안 되는 흐름이기도 하다. 또한 가장 소중하면서 대체 불가능한 필수품이다. 그렇지만 우리는 시간이 어디로 가는지 모르고, 주어진 시간의 3분의 1은 잠으로 써버리며, 각자에게 남은 시간이 얼마인지 아는 사람은 아무도 없다. 시간을 절약하는 방법은 무궁무진하지만, 어떤 방법을 쓴다 해도 남은 시간은 줄어들기만 할 뿐이다. 벌써 저녁 7시 06분.

시간은 기억과 함께 자신의 정체성에 대한 인식을 형성한다. 사람은 누구나 자신의 존재가 역사적 필연이라고 느끼면서, 자신이 미래를 향해 자유의지를 가진 존재라고 여길 수도 있다. 하지만 안타깝게도 물리학자나 철학자는 만약 시간이 공간과 다름없는 하나의 차원(dimension)이라면 어제, 오늘, 내일이 동등하게 구체적이면서 결정되어 있어야 한다고 생각하기 때문에 이와는 많이 다른 관점을 갖고 있다. 미래는 과거와 마찬가지로 존재하는 것이어서, 우리가 아직 가지 않은 곳에 있는 것뿐이다. 어딘가에. 이제 저녁 7시 07분.

아르헨티나의 작가 호르헤 루이스 보르헤스(Jorge Louis Borges)는 "시간은 나를 구성하는 본질적 요소다"라고 썼다. "시간은 나를 흘려보내는 강물이지만, 내가 바로 그 강이다. 시간은 나를 파괴하는 호랑이지만, 내가 바로 그 호랑이다. 시간은 나를 태우는 불이지만, 내가 바로 그 불이다."

이 책《시간의 미궁》에는 시간이 우리가 살고 있는 실체적 세계와 내면 의식에 어떤 식으로 스며들고 영향을 미치는지에 대해 과학이 지금까지 밝혀낸 결과가 압축되어 담겨 있다. 시간이 무엇인지 알게 되면 상상력이 풍부해지면서 시간을 활용하는 데 실질적으로 유리해지기도 할 것이다. 이제 7시 08분이다. 시계를 맞추시길.

-《사이언티픽 아메리칸(Scientific American)》편집부

CONTENTS

1

역사와 철학

1-1 현실 속의 시간

게리 스틱스 Gary Stix

벤저민 프랭클린(Benjamin Franklin)은 이미 200여 년 전에 흘러가는 시간을 돈에 비유했다.* 2000년대가 시작된 지 이미 10년도 넘은 지금, 이 말은 더욱 빛을 발한다. 21세기에 시간이 갖는 가치는 지난 시대의 석유나 석탄, 귀금속과 같다. 오늘날의 경제 체제는 1초당 테라바이트(terabyte) 또는 1초당 기가바이트(gigabyte)처럼 시간에 바탕을 둔 개념을 토대로 움직이며, 시간이라는 끊임없이 측정되고 가격이 매겨지는 핵심적 자원에 의해서 지속적으로 성장하고 있다.

*1748년 〈젊은 사업가에게 주는 충고〉라는 에세이에서 "시간이 곧 돈이라는 사실을 명심하라"고 썼다.

시간을 돈에 비유한 격언을 이 시대의 시대정신에 말 그대로 적용해본 사람도 있다. 영국 랭커스터대학교 경영대학원의 이안 워커(Ian Walker)에 따르면, 3분간 양치질하는 것은 49센트의 가치가 있다. 양치질을 하면서 평균적인 영국인들의 3분간의 임금(세금과 사회보장비를 뗀 후)을 포기했기 때문이다. 또한 30분 동안 세차하는 것은 4달러 90센트의 가치가 있다고 한다.

이처럼 시간을 돈으로 환산하는 일은 프랭클린의 생각을 극단적으로 적용한 경우에 해당한다. 하지만 시간의 흐름을 바라보는 관점이 급격히 변화하면서 시간의 상업화는 실제로 일어나고 있다. 인간의 근본적인 본능은 몇십만 년 전 구석기시대나 지금이나 별다르지 않다. 먹고, 자식을 낳고, 싸우거나 도

*구석기시대를 배경으로 한 1960년대 텔레비전 만화의 주인공.

망가는 일로 가득한 프레드 플린스톤의* 삶과 우리의 삶은 많은 부분에서 비슷하다. 이런 원시적 욕구에도 불구하고 인류의 문명은 초원을 뛰어다니던 수렵시대 이후 끊임없이 발전해왔다. 어쩌면 석기시대에서 정보화시대에 이르는 동안 가장 큰 변화는 시간에 대한 주관적 경험에 담겨 있을지도 모른다.

시간에 대한 정의 가운데 "시간은 과거에서 미래로 이어지는 사건들의 연속체다"라는 말이 있다. 오늘날 주어진 시간이 1년이건 1억 분의 1초이건 특정한 시간 안에 일어나는 사건의 수는 끝없이 늘어간다. 기술 문명은 남보다 앞설수록 좋은 시대를 만들었다. 제임스 글릭(James Gleick)은 《빨리빨리!(Faster : The Acceleration of Just About Everything)》에서, 1980년대에 페덱스(FedEx) 같은 택배 서비스가 일상화되기 전까지는 업무 문서를 다음 날까지 전달해야 하는 관례가 없었다고 지적했다. 초기에 페덱스를 이용하는 고객은 경쟁자에 비해 유리할 수 있었다. 하지만 머지않아 누구나 물품이 바로 다음 날 배송되기를 원하게 되었다. 글릭의 말을 들어보자. "모두가 익일 배송을 원하게 되자 결국 페덱스를 이용해도 유리할 것이 없게 된 거죠. 단지 모든 것의 흐름이 빨라져버렸습니다."

동시성

인터넷이 출현하자 이제 다음 날까지 페덱스의 배송 트럭을 기다릴 필요가 없어졌다. 인터넷 세상에서는 모든 일이 어디서나 동시에 일어난다. 웹페이지가 수정되면, 뉴욕에 있건 아프리카 오지에 있건 동시에 그 내용을 확인할 수 있다. 시간은 본질적으로 공간을 넘어서버린 것이다. 스위스의 시계 업체 스와치(Swatch)는 이런 추세를 반영하여 지역별 시간대라는 공간적 특성을 무시한 시계를 만들기도 했다. 이 시계는 하루를 1,000등분했고, 스와치 본사가 있는 스위스 빌(Biel)을 기준으로 전 세계 어디서나 똑같은 시각을 표시한다.

물론 전 세계 공용의 인터넷 시계를 만들어 웹으로 공유하는 것이 불가능하진 않겠지만, 이것은 마치 에스페란토를 세계 공용어로 쓰자는 생각만큼 비현실적인 이야기다.

이런 종류의 눈길을 끌기 위한 사례는 접어두더라도, 인터넷으로 연결된 세계에서는 보다 정확한 시간 측정 기술이 개발된 덕에 이미 시간이라는 장벽이 없어진 지 오래다. 오랜 세월 동안 인류가 특정한 기간을 측정하는 능력은 인류가 살고 있는 주변 환경을 다루는 능력과 밀접한 관계가 있었다. 시간 측정 기술의 시작은 빙하기에 달이 차고 기우는 날짜를 나뭇가지나 동물 뼈에 새겨서 기록하던 2만 년 전으로 거슬러 올라간다. 농사를 비롯해 날짜와 관련된 행사에 활용할 목적으로 달력이 만들어진 것은 고작 5,000년 전 바빌로니아와 이집트에서였다.

초기에 달력을 만든 사람들은 그다지 정확성을 추구하지 않았었다. 그저 태양을 기준으로 하루를, 달을 기준으로 한 달을, 또 태양을 기준으로 1년을 정하는 식으로 자연의 주기적 현상을 추적했을 뿐이다. 해시계는 단지 그림자를 만들어내는 기기에 불과했으므로 날이 흐리거나 해가 지면 쓸모가 없었다. 그러나 13세기 초 기계식 시계의 발명은 구텐베르크의 인쇄술 발명에 버금가는 혁명적 변화를 이끌어냈다. 이제 시간은 더 이상 물시계의 물처럼 '흐르는' 것이 아니라 진동자의 움직임을 표시하는 기계적 구조물에 의해 표현되는 대상이 되었다. 시계의 정밀도가 높아짐에 따라 1초보다 짧은 시간의 흐름까지도 표시가 가능해졌다.

발전을 거듭한 기계식 시계는 점차 소형화되었다. 중력에 의해 아래로 떨어지는 물체 대신 태엽을 시계의 동력으로 쓰게 되자, 이제 시계를 보석 같은 장신구처럼 몸에 지니고 다닐 수 있게 되었다. 기술은 사회에 대한 우리의 인식을 바꿔놓는다. 시계 덕분에 여러 사람이 함께하는 행사를 조율할 수가 있었다. 하버드대학의 역사학자 데이비드 란데스(David S. Landes)는 《시간의 혁명(Revolution in Time)》(2000년)에서 "시간을 지키기 위해 더는 외부에 의존하지 않아도 되었다"라고 적었다. "좋건 나쁘건 기계식 시계로 말미암아 문명이 시간의 흐름에 더욱 주의를 기울이게 되었고, 그 결과 생산성과 효율의 향상이 일어났다."

몇백 년 동안 기계식 시계는 가장 정확한 시간 측정 장치였다. 그러나 시간 측정의 정확성이라는 면에서 최근 50년 동안 이루어진 진보는 그 이전 700년간의 성과와 맞먹는다. 공간을 초월한 시간이란 개념이 인터넷만의 산물은 아니라는 이야기다. 시간은 여러 물리량 중에서도 가장 정밀하게 측정되는 존재다. 그래서 공간은 시간 측정에 의해 더욱 정확히 이해될 수 있다. 오늘날 표준을 만드는 사람들이 1미터의 기준을 진공 상태에서 빛이 299,792,458분의 1초 동안 이동한 거리로 정한 데는 이유가 있는 것이다.

이처럼 정교하게 시간을 측정하려면 원자시계가 필요한데, 시간뿐 아니라 위치를 측정할 때도 마찬가지다. 세슘 원자의 공진 주파수는 엄청나게 안정적이어서, 10억 분의 1초를 측정할 수 있을 정도의 정밀한 진자나 다름없다. GPS 위성은 위성에 탑재된 원자시계에서 측정된 시간과 위성의 위치를 지속적으로 발신하도록 만들어져 있다. GPS 수신기는 최소 네 개의 GPS 위성에서 보낸 신호를 받아 자신의 위치를 찾아낸다. 항공기 조종사도, 등산객도, 남아메리카의 산악 지대에 있건 북유럽 극지방의 벌판에 있건 마찬가지다. 정확한 위치를 구하는 데 필요한 조건은 놀랍다. 한 위성에 탑재된 원자시계의 오차가 100만 분의 1초만 돼도 GPS 수신기로 구한 위치는 (다른 위성의 시계를 통해 오차가 교정되지 않는다면) 실제 위치에서 320여 미터나 벗어날 수 있다.

정밀 시간 측정 기술은 지금도 빠른 속도로 발전하고 있다. 아마 몇 년 안에 지금보다 훨씬 성능이 뛰어난 장치가 만들어질 테고, 어쩌면 정확도가 너무 높아서 다른 기기와 시각 동기(同期, syncronization)가 불가능한 지경인 원자시계가 만들어질지도 모른다. 과학자들은 시간을 더욱 잘게 나누고 쪼개는 기술을 개발하고 있다. 정보화시대에 속도의 가치는 두말할 나위가 없다. 가장 빠른 트랜지스터는 1조 분의 1초 이내에 작동이 이루어지는 수준에 이르러 있다.

프랑스와 네덜란드 연구진은 2001년 레이저 광원에서 나온 빛이 250아토

초(attosecond), 즉 10억 분의 2.5초의 10억 분의 1초 동안만 유지되게 함으로써 시간을 잘게 쪼개는 면에서 신기원을 열었고, 이 기록은 아직까지 깨지지 않고 있다. 이처럼 짧은 시간 동안만 빛을 내는 광원을 이용하면 언젠가 원자의 모습도 사진에 담을 수 있을지 모른다. 또한 방사선 측정법으로 지구의 나이도 측정할 수 있는 것처럼, 최신 기술은 긴 시간을 측정하는 면에서도 커다란 진보를 이루었다.

시간과 공간을 (인터넷 세계에서처럼, 또는 GPS에 의해 길을 찾는 항공기처럼) 힘들이지 않고 넘나드는 능력은 어떤 일이건 더 빨리 할 수 있게 만들어준다. 단지 속도의 한계가 문제일 뿐이다. 다양한 아이디어가 논의되는 학술회의나 대중 과학 서적에는 시간을 따라 과거와 미래로 여행하는 방법에 대한 이야기가 넘쳐난다. 그러나 시계 제조 기술의 발전과는 무관하게, 물리학계는 "시간이 흘러간다"라는 말의 의미를 정확히 설명하지 못하고 있다. 철학자들 역시 마찬가지다.

(과거, 현재, 미래로 나뉜) 시간의 본질에 대한 당혹감은 산업화시대 몇백 년 이전부터 있었다. 아우구스티누스는 《참회록》에서, 시간을 정의할 때 맞닥뜨리는 고충을 "대체 시간이란 무엇인가?"라는 말로 어느 누구보다 명쾌히 표현했다. "아무도 내게 묻지 않는다면 답을 알지만, 막상 누군가 내게 묻는다면 답을 할 수 없다." 더 나아가 그는 왜 시간을 정의하기 어려운지에 대해서도 설명한다. "과거와 미래는 어떻게 생기며, 더는 과거가 아니면서 아직 미래도 아닌 때는 언제인가?"

1-1

유신론(有神論)의 굴레에 얽매이지 않으며 감상에 빠지지도 않는 물리학자들조차 이 질문에 골머리를 썩었다. 누구나 죽음을 향해 달려가면서 시간이 '흐른다'고 표현한다. 이 말이 의미하는 바는 무엇일까? 시간은 1초에 1초씩 흐른다는 말에는 과학적 시각으로 보건 선문답으로 바라보건 같은 무게가 실려 있다. 전류의 흐름처럼 시간의 흐름을 생각해볼 수도 있지만, 그런 척도는 한마디로 존재하지 않는다. 실제로 시간은 환상인가 아닌가 하는 것은 이론물리학 분야에서 가장 관심의 대상이 되는 연구 주제 중 하나다. 한 가지 혼란스러운 점은 물리학자들이 이 주제를 설명하는 수식에 t(시간)라는 변수를 포함해야 할지 말지에 대해 철학자의 조언을 필요로 하는 지경에까지 이르렀다는 사실일 것이다.

만다라(曼陀羅)

시간의 본질에 대한 물음은 물리학자와 철학자뿐만 아니라, 삼라만상의 움직임을 윤회론적 관점에서 일정하지 않은 사건의 연속으로 바라보는 비서구권 문명을 연구하는 인류학자에게도 오래된 수수께끼다. 하지만 대부분 사람들에게 시간이란 지극히 현실적으로 존재하며, 우리의 모든 삶을 지배하는 존재일 뿐이다.

우리 누구나 갖고 있는, 자신이 과거와 미래 사이에 존재한다는 뚜렷한 인식(전통문화적 관점에서는 모든 것이 윤회하는 우주에 갇힌 자아)은 아마 인간도 생물체라는 현실과 연결되어 있을 것이다. 인간의 육체는 다양한 시계로 가득차 있다. 배트로 공을 맞추려면 어떻게 몸을 움직여야 하는지, 언제쯤 잠이 와야 하는지, 그리고 어쩌면 언제쯤 삶을 끝내야 하는지를 지배하는 시계들로.

생물학자들은 이처럼 다양한 바이오리듬의 실체를 밝혀내고 있다. 과학자들은 인간이 즐거운 활동을 할 때 시간의 흐름을 감지하는 (캐나다의 금리정책에 대한 지루한 강의를 들을 때는 시간이 느리게 가는 것처럼 느끼게 하는 부분이기도 한) 뇌의 특정 영역에 접근하고 있다. 또한 다양한 종류의 기억과, 경험한 사건들을 순서대로 떠올리는 동작이 어떻게 연계되어 있는지에 대해서도 조금씩 밝혀내고 있다. 몇 시간이나 몇 달 또는 몇 년에 걸친 과거의 사건 순서를 파악하지 못하는 것처럼 시간의 흐름을 인지하는 데 어려움을 겪는 경우를 비롯해 다양한 기억상실증 환자들의 뇌를 연구함으로써, 뇌의 어느 부분이 시간의 흐름에 대한 인지능력을 담당하는지 알아내는 것이다.

여러 사건과 사물 사이에서 자신의 순서와 위치를 가늠하는 것은 결국 자신의 존재를 결정하는 일과 다름이 없다. 사실 우주론적 관점에서 보자면, 시간이 근본적으로 사실성을 갖고 있는지 아닌지는 그다지 중요하지 않다. 시간이 환상이라면 지금껏 그래왔듯 거기에 매달리면 그만이다. 3차원으로 이루어진 공간에 더해 네 번째 차원으로서의 시간에 대한 숭배는 생일, 크리스마스, 독립 기념일처럼 우리 모두가 공유할 수 있는 현세적이면서 의미 있는 이정표에 대한 심리적 요구와 깊은 관계가 있다. 그렇지 않고서야 어떤 기록을 보더라도 결코 예수 탄생으로부터 2,000년이 되는 때라고는 할 수 없는 2000년 1월의 광적인 축하 열기를 설명할 방법이 있겠는가?

1-1

그럼에도 (인류가 그때도 존재한다면) 서기 3000년 또한 축하 열기로 뜨거울 테고, 부모님의 금혼식이나 소방서 자원봉사대 설립 20주년도 여전히 기념하고 있을 것이다. 그렇게 하는 것만이 SNS나 마트의 소량 신속 계산대, 당일 배송처럼 순간적인 것들만이 감각을 지배하는 사회에서 구조와 계층이란 개념을 확인하는 유일한 방법일 테니까.

1-2 신비한 흐름

폴 데이비스 Paul Davies

17세기 영국의 시인 로버트 헤릭(Robert Herrick)은 시간이 흘러간다는 상투적 표현 대신 "장미꽃 봉오리를 꺾을 수 있을 때 꺾어두세요. 시간은 오래전부터 있었지만 여전히 가고 있으니까요"라고 멋지게 표현했다. 하긴 의심할 필요도 없는 일이다. 시간의 흐름은 무게나 부피처럼 외부 감각기관을 통해 느끼는 물리량과 달리, 내면 깊숙한 곳 어딘가에서 느껴진다. 그러므로 시간 감지 기능은 인간의 인지 체계에서 아마도 가장 기본적인 요소일 것이다. 시간의 흐름은 날아가는 화살이나 흐르는 강물에 비유되며, 우리를 가차 없이 미래로 몰아붙인다. 셰익스피어는 "시간은 빙글빙글 돌고"라고 했으며, 앤드루 마블(Andrew Marvell)은 "시간이라는 날개 달린 마차가 마구 다가오네"라고 하지 않았던가.

멋지긴 하지만 이들 표현에는 커다란 모순이 존재한다. 시간의 흐름에 대해 물리학적으로 밝혀진 것은 아무것도 없다. 물리학자들은 오히려 시간이 그저 존재할 뿐 전혀 흘러가지 않는다고 주장한다. 또한 시간이 흐른다는 개념은 터무니없으며 시간을 강물의 흐름에 빗대는 것은 오해에서 비롯된 일이라고 여기는 철학자들도 있다. 현실 세계에서 가장 기본적인 대상이 어쩌면 이렇게 정체조차 불분명할까? 아니면 과학이 시간의 핵심 요소를 아직도 찾아내지 못한 것일까?

1-2

생각처럼 절대적이진 않은 시간

일상에서 시간은 과거, 현재, 미래의 세 가지로 구분된다. 그리고 언어 구조는 이 구분을 기반으로 만들어져 있다. 현실은 현재의 순간과 관련된 것이다. 과거는 이미 지나가버려 지금은 존재하지 않는다고 여겨지며, 미래는 정체가 모호하다. 이처럼 단순한 관점에서 보자면 우리가 느끼는 '지금(now)'이란 과거에 불확실한 존재였던 미래를 구체적이면서 끊임없이 지속되는 현재로, 그리고 결국은 과거라는 틀 속으로 밀어 넣는 존재다.

이런 설명이 상식에 부합되는 것처럼 보이겠지만, 현대물리학의 관점과는 상당히 부딪치는 면이 많다. 이에 대해 아인슈타인이 친구에게 보낸 편지에서 "과거, 현재, 미래란 아무리 분명해 보여도 환상일 뿐이네"라고 한 말은 아주 유명하다. 이 당혹스런 묘사는 사실 현재라는 순간에 아무런 절대적 가치를 부여하지 않는 특수상대성 이론의 결론에서 직접적으로 유래한다. 이 이론에 따르면 동시성(同時性, simultaneity)이란 상대적이다. 특정 좌표계에서 관측했을 때 동시에 일어나는 것으로 보이는 사건이 다른 좌표계에서는 그렇지 않을 수도 있는 것이다.

"지금 화성에선 무슨 일이 일어나고 있을까?"라는 단순한 질문에조차 명확한 답이 존재하지 않는다. 핵심은 지구와 화성이 빛의 속도로도 20분이 걸릴 만큼 멀리 떨어져 있다는 데 있다. 정보의 전달은 빛의 속도보다 빠를 수 없으므로 화성에서 일어나는 일을 지구에서 같은 순간에 파악할 수 없다. 지구에서는 화성에서 어떤 일이 일어난 뒤 빛이 지구에 도달하고 나서 과거에 일어났던 일을 추론할 수밖에 없다. 이미 지나간 과거의 일은 관측자의 속도에 따라 다르게 추론된다.

예를 들어 미래에 화성으로 유인 탐사선을 보내는 경우를 생각해보자. 지구의 통제 센터에서 "알파 기지의 존스 대장은 지금 하고 있는 일을 보고하라"라고 지시한다. 화성에서 이 지시를 들을 때 화성의 시계는 12시였고, "점심 식사 중입니다"라고 응답한다. 그러나 같은 때 지구 근처를 광속으로 지나는 우주선에 탑승한 승무원이 화성을 바라보면 우주선의 진행 방향에 따라 화성에서의 시각이 12시 이전 또는 12시 이후로 보일 수 있다. 우주선의 승무원은 사령부에 "존스 대장이 식사를 준비하고 있다"거나 "식사를 마치고 정리 중이다"라고 보고할 수 있다는 뜻이다. 이러한 불일치는 '지금'이라는 순간에 특별한 의미를 부여하는 것이 얼마나 어이없는 일인지를 잘 보여준다. 두 사람이 상대적으로 움직이고 있다면, 한 사람에게는 아직 일어나지 않은 미래의 일로 보이는 어떤 사건이 다른 사람에게는 이미 과거에 일어난 확정된 사건일 수 있다는 뜻이다.

이를 설명하는 가장 단순한 방법은 과거와 미래가 모두 결정되어 있다고 보는 것이다. 그래서 물리학자들은 모든 시간의 요소(과거, 현재, 미래)가 마치 풍경(landscape)처럼 하나의 시간덩어리(timescape)로 펼쳐져 있다고 생각한다. 이런 개념을 블럭 시간(block time)이라고 한다. 분명한 것은 이 개념에서는 현재가 과거나 미래와 아무런 차이가 없으며, 미래가 현재가 되고 현재가 과거가 되는 체계적 흐름도 전혀 존재하지 않는다는 점이다.

과거, 현재, 미래는 다르지 않다

일반적으로 현재만이 실제로 존재하며, 미래나 과거와 달리 특별한 의미를 갖는다고 여겨진다. 시곗바늘이 움직이면 지금의 순간은 지나가고 다른 순간이 현재가 된다. 바로 시간의 흐름이라고 불리는 현상이다. 달을 예로 들어보면, 달은 지구 주위를 공전하는 궤도상의 한 점에 위치하지만 시간이 지나면서 궤도의 다른 곳으로 옮겨 간다. 그러나 학자들은 현재만이 특별한 순간이라고 볼 수는 없다고 주장한다. 객관적으로 보아도 과거, 현재, 미래는 어느 것이나 실재한다. 모든 순간은 공간을 나타내는 세 개의 차원에 시간이 더해진 4차원 블럭으로 표현된다. (아래 그림에서는 공간을 나타내는 차원 중 두 개만 그려져 있다.)

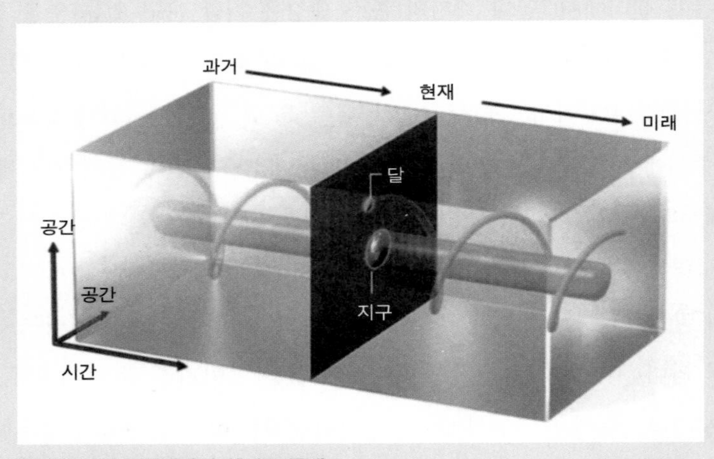

일반적 관점 : **현재만이 실제로 존재**

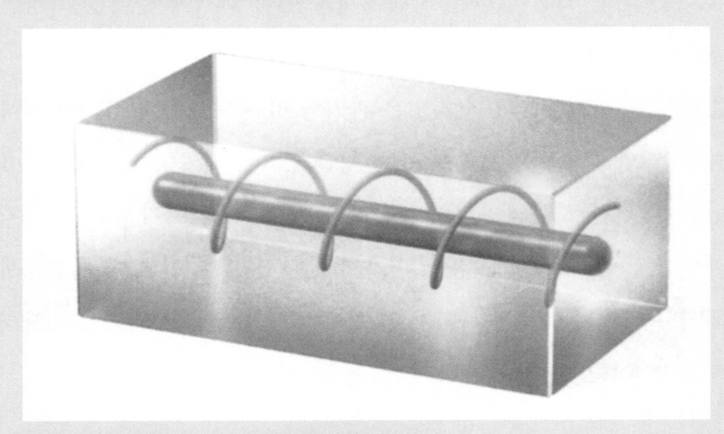

블럭 우주 : **과거, 현재, 미래가 동일하게 존재**

시간은 흐르지 않는다

우리가 오랜 세월 동안 시간의 흐름이라고 부르는 현상에 대해 연구한 수많은 물리학자들은 동일한 결론에 이르렀다. 이들에 따르면, 시간의 흐름이라는 개념에는 모순이 존재한다. 흐름이란 개념은 태생적으로 움직임을 포함한다. 화살처럼 움직이는 물체의 운동을 설명하려면 시간에 따른 화살의 위치를 알아야 한다. 그렇다면 시간 자체에 대해서는 어떤 의미를 부여해야 할까? 움직임에 따라 시간을 측정해야 할까? 일반적으로 움직임이라고 하면 어떤 대상의 시간에 따른 물리적 특성 변화를 의미하지만, 이런 식으로는 시간의 흐름을 설명하기 어렵다. 시간에 따른 시간의 변화라니. “시간이 흐르는 속도는 얼마인가?”라는 단순한 질문만으로도 충분히 당혹감을 느낄 수 있다. “시간의 속도는 1초당 1초이다”라는 뻔한 대답에서 얻을 것이 있겠는가.

시간의 흐름이라는 개념이 일상생활에서는 아주 편리하지만, 이 개념만으로는 아무 새로운 정보도 전달되지 않는다. 이런 시나리오를 생각해보자. 앨리스는 화이트 크리스마스가 되길 기대했고, 정작 크리스마스에 비가 오자 크게 실망했지만, 크리스마스 다음 날 눈이 오자 신이 났다. 이 문장에는 시간의 흐름을 암시하는 내용과 문법에 따라 각 상황에 따른 시제(時制)가 이용되고 있다. 그러나 날씨의 변화처럼 시간의 흐름을 암시하는 부분을 생략하고 단순히 날짜에 따른 앨리스의 마음 상태를 서술해도 똑같은 내용을 전달할 수 있다. 무미건조하지만 다음과 같이 서술해도 실제로 일어난 일을 전달하는 데 아무런 무리가 없다.

1-2

12월 24일 : 앨리스는 화이트 크리스마스를 기대한다.

12월 25일 : 비가 내린다. 앨리스는 실망한다.

12월 26일 : 눈이 내린다. 앨리스는 신이 난다.

이렇게 표현을 바꾸더라도 실질적으로 달라지는 것은 없다. 단지 각각의 날짜와 그날의 날씨, 앨리스의 심리 상태만 있을 뿐이다.

파르메니데스와 제논 같은 고대 그리스의 철학자들도 유사한 내용에 대해 논쟁을 벌였다. 한 세기 전 영국의 철학자 존 맥타가트(John McTaggart)는 사건 순서대로 현실을 기술하는 것(A계열)과 날짜 순서대로 현실을 기술하는 것(B계열)을 분명하게 나누어보려고 했다. 어느 쪽이나 현실을 기술하기는 마찬가지지만, 두 관점은 서로 모순되는 것 같기도 하다. 예를 들어 "앨리스가 실망한다"는 사건은 한때 미래에 속해 있었고, 그다음에는 현재에 속했다가, 나중에는 과거에 속하게 된다. 한편 과거, 현재, 미래는 서로 겹칠 수 없는 배타적인 범주인데, 어떻게 하나의 사건이 세 개의 서로 다른 범주에 모두 속할 수 있단 말인가? 맥타가트는 A계열과 B계열 사이의 이런 논리적 충돌에서 시간은 허구라는 다소 과격한 결론을 이끌어냈다. 반면 물리학자들은 시간에 대해 이보다 덜 자극적으로, "시간의 흐름은 비현실적이지만 시간 자체는 공간과 마찬가지로 실재한다"고 표현한다.

시간에 딱 맞춰서

시간의 흐름에 대해 이야기할 때 일어나는 혼란은 이른바 시간의 화살이라는 개념에서 비롯된다. 시간의 흐름을 부정하는 것이 '과거'와 '미래'라는 명칭이 물리적으로 근거가 없다는 주장과 동일한 의미는 아니다. 현실 세계에서 일어나는 사건들은 의심할 바 없이 한 방향으로 일관된 순서를 갖는다. 달걀이 바닥에 떨어지면 여러 조각으로 나뉘지만, 반대로 깨진 달걀 조각이 합쳐지면서 온전한 달걀이 되는 일은 절대 볼 수 없다. 이는 닫힌 계(界)에서 엔트로피(무질서한 정도라고 이해해도 무방하다)는 시간이 흐를수록 증가한다는 열역학 제2법칙의 한 사례일 뿐이다. 온전한 달걀의 엔트로피는 깨진 달걀보다 낮다.

자연에는 되돌릴 수 없는 형태의 사건이 넘쳐난다. 그러므로 시간이라는 축을 따라 존재하는 과거와 미래 사이의 오묘한 비대칭성을 설명하려면 열역학 제2법칙이 핵심적 도구가 된다. 시간의 화살은 관습적으로 미래를 향해 있다. 하지만 나침반 바늘이 북쪽을 향한다고 해서 나침반이 북쪽으로 가고 있는 것이 아니듯, 시간의 화살이란 말 역시 시간이 미래를 향해 움직인다는 의미가 아니다. 시간의 화살은 세계가 시간이라는 면에서 갖는 비대칭성을 의미하는 것이지, 시간의 흐름의 비대칭성을 의미하지 않는다. '과거'와 '미래'라는 표식은 공간에서의 '위'와 '아래'처럼 일시적인 방향을 뜻할 뿐이므로, 그저 과거나 미래에 대해서 이야기하는 것은 위와 아래에 대해서 이야기하는 것처럼 무의미한 일이다.

1-2

이미 '과거가 된 것' 또는 '미래의 것'과 '과거' 또는 '미래'의 차이는 달걀이 바닥으로 떨어지면서 깨지는 장면을 촬영한 영화 필름을 생각하면 이해가 쉽다. 필름을 뒤에서 앞으로 거꾸로 재생할 때 보이는 화면은 누구에게나 비현실적으로 다가온다. 이제 필름의 각 장면을 모두 잘라내어 순서 없이 마구 섞는다. 이처럼 뒤섞인 장면들을 달걀이 떨어지기 전부터 바닥에 떨어져 깨지는 원래의 순서대로 다시 배열하는 것은 쉬운 일이다. 순서대로 정렬된 필름은 시간의 화살이 내포하는 비대칭성을 보여주는데, 중요한 점은 시간의 비대칭성이 시간 자체에서 비롯되는 것이 아니라 우리가 바라보는 세계의 특정한 상태의 비대칭성에 기인할 뿐이라는 것이다. 각각의 장면을 담은 필름이 반드시 시간의 화살이 가리키는 방향과 일치하는 순서로 재생되어야만 영화가 되는 것은 아니다.

시간에 관한 대부분의 물리학적 · 철학적 분석이 시간의 흐름에 대해 밝혀낸 것이 거의 없기 때문에 시간은 여전히 미스터리로 남아 있다. 세상은 끊임없이 계속되는 움직임 속에 있다는 강력한 인식은 무엇에서 비롯되는 것일까? 노벨상 수상자인 일리아 프리고진(Ilya Prigogine) 등의 일부 과학자들은 되돌릴 수 없다는 특성에 근거해 시간이 객관적 대상이라고 주장하지만, 필자를 비롯한 다른 물리학자들은 여전히 시간을 일종의 환상이라고 여긴다.

어쨌든 시간의 흐름은 관측할 수 없다. 실질적으로 관측되는 것은 우리가 기억하는 이전 상태와 비교해서 지금의 상태가 다르다는 사실뿐이다. 우리가 미래가 아니라 과거를 기억한다는 사실은 시간의 흐름이 아니라 시간의 비대칭성을 관측한다는 뜻이다. 관측자는 시간이 흘러가는 것을 기록하는 것뿐이다. 자가 두 점의 거리를 측정하는 도구이듯, 두 사건 사이의 기간(duration)을 측정하는 도구가 시계다. 시계가 측정하는 것은 뒤에 일어난 사건이 앞의 사건이 일어난 뒤 어떤 '속도'로 일어났는지가 아니다. 결과적으로 시간의 흐름이란 주관적인 것이지 결코 객관적일 수 없다.

현재와 함께

환상을 설명하는 것은 어렵다. 그래서 시간이라는 환상은 심리학과 신경생리학뿐 아니라 언어학과 문화학 등에서도 다뤄진다. 현대 과학이 시간의 흐름을 지각하는 원리에 관심을 가진 지는 그리 오래되지 않았으므로 명확한 답은 아직 찾지 못했다. 어쩌면 뇌 기능과 관련이 있을지도 모른다. 한자리에서 뱅뱅 돌다가 갑자기 멈추면 어지럽다. 머리로는 마치 세상이 나를 중심으로 빙글빙글 도는 듯 느껴지지만 세상은 움직이지 않는다. 그저 그렇게 느낄 뿐인 것이다. 세상이 도는 듯 느껴지는 것은 귀 속에 있는 평형 감지 기관 내의 체액이 움직이면서 만들어낸 환상이다. 어쩌면 시간의 흐름도 비슷할지 모른다.

시간이 흘러간다는 잘못된 인식을 만들어내는 시간의 비대칭성에는 두 가지 측면이 있다. 첫 번째는 과거와 미래 사이의 열역학적 구분이다. 최근 몇십 년 동안 물리학자들이 알아낸 바에 따르면, 엔트로피 개념은 각각의 계(界) 안에 존재하는 정보의 내용과 관련이 있다. 이 때문에 새로운 기억이 정보를 더할 때마다 뇌의 엔트로피는 항상 높아지는 방향으로만 변화한다. 우리가 시간이 흐른다고 느끼는 것은 바로 이 일방성(一方性) 때문이라는 것이다.

두 번째 가능성은 시간의 흐름을 인지하는 기능과 양자역학의 관련성에 있다. 양자역학이 태동하던 시기부터 시간은 공간과 달리 항상 같은 방식으로 다루어졌다. 시간이 특별한 대접을 받은 것은 양자역학과 일반상대성 이론을 양립시키기가 어렵기 때문이었다. 자연은 태생적으로 확실하지 않다는 하이젠베르크(Heisenberg)의 불확정성 원리는 미래가 정해져 있지 않다는 사실을 내포한다(마찬가지로 과거도). 이런 불확정성은 원자 수준의 미시적 세계에서 가장 두드러지게 나타나고, 눈에 보이는 현실의 실체를 특징짓는 특성이 처음부터 정해져 있는 것이 아니라는 점도 드러낸다.

예를 들어 만약 전자가 원자와 충돌하면 어떤 방향으로든 튕겨질 수 있는데, 어느 쪽으로 튕겨 나갈지 그 방향을 미리 알아내는 것은 불가능하다. 양자 세계에서의 이런 불확실성은 특정 상태에 있는 양자가 여러 가지 다른 (아마도 무한히 많은) 상태로 변화할 수 있음을 의미하고, 결국 현실 세계도 마찬가지란 뜻이 된다. 양자역학은 각각의 상태가 일어날 확률만 알려줄 뿐 확실하게는 알려주지 않는다.

하지만 사람이 무엇인가를 측정하면 항상 하나의 측정값이 얻어진다. 튕겨 나가는 전자를 관측하면 전자의 진행 방향이 얻어진다. 측정 과정에서 다양한 가능성 가운데 하나가 선택되어 현실이 된다. 관측자가 보기에는 가능성이 실질적 형태로 변화한 것이고, 정해져 있지 않던 미래가 확실한 과거가 되었다. 우리가 시간의 흐름이라고 생각하는 바로 그것이다.

수많은 가능성 중에서 한 가지만 선택되어 현실로 일어나는 과정에 대해 물리학자들이 동의하는 설명은 존재하지 않는다. 많은 학자들은 전자의 움직임이 결정되는 것이 결국 관측 행위 때문이므로 이 과정이 관측자의 의식과 연관되어 있다고 주장하기도 한다. 옥스퍼드대학의 로저 펜로즈(Roger Penrose) 같은 일부 학자들은 시간의 흐름에 대한 인식을 포함한 의식이 뇌 안에서 일어나는 양자역학적 움직임과 관련되어 있을 것이라고 생각한다.

아직 뇌에서 시간을 관장하는 독립된 부분을 찾아내지는 못했지만, 시각피질(視覺皮質)을 비롯해 시간의 흐름을 인지하는 뇌 부위를 정확히 찾아내는 날이 올 것이다. 시간의 흐름을 인지하지 못하도록 만드는 약물도 가능할지 모른다. 명상 수행을 하는 사람들 중에서는 실제로 자신이 그런 상태에 이를 수 있다고 주장하는 경우도 있다.

만약 시간의 흐름을 과학적으로 설명할 수 있게 된다면 어떤 일이 벌어질까? 아마 미래를 불안하게 여기거나, 과거를 아쉽게 생각할 필요가 없어질 것이다. 죽음에 대한 공포는 자신의 출생에 대한 걱정과 마찬가지가 될 것이다. 기대와 추억이라는 어휘가 사라질 수도 있다. 무엇보다도 인간의 삶에서 큰 부분을 차지하는 위기감이라는 감각이 연기처럼 사라질 것이다. 더는 "행하라, 살아 있는 현재에 행하라"는 헨리 롱펠로(Henry W. Longfellow)의 말에 얽매일 필요도 없을 테고, 과거와 현재와 미래가 문자 그대로 과거의 일이 되어버릴 것이다.

1-3 물리학의 핵심에 존재하는 허점

조지 머서 George Musser

대부분 사람에게 시간과 관련해 가장 이해하기 힘든 부분은 시간이 항상 부족하다는 사실이다. 어쩌면 물리학자들도 마찬가지 문제로 고민하고 있다는 사실이 조금이나마 위로가 될지도 모르겠다. 물리 법칙은 시간이라는 변수를 포함해 만들어져 있지만 정작 시간이 무엇인지, 특히 과거와 미래가 무엇인지 정확히 모른다. 보다 기본적인 법칙을 파고들수록 시간이라는 변수는 점점 사라지고 희미해진다. 이에 좌절한 많은 물리학자들이 보통 상황이라면 절대 자문을 구하지 않을 상대에게 도움을 요청했다. 철학자에게.

철학자에게 자문을? 대부분 물리학자에게 철학자는 낯선 존재다. 물리학자가 그나마 철학에 다가가는 경우는 아마도 동료들과 저녁에 맥주를 마시며 이야기할 때 정도뿐일 것이다. 철학 서적을 탐독한 물리학자라 하더라도 철학이 물리학에 유용하다고는 별로 생각하지 않는다. 임마누엘 칸트의 책을 몇 페이지 읽다 보면 금세 철학이란 결국 알 수 없는 것에 대한 이해할 수 없는 접근이란 생각에 이른다. "실은 제 동료들 대부분이 철학자와 이야기하는 걸 마치 성인영화관에서 나오다가 들키는 것처럼 무서워합니다." 매사추세츠공과대학 교수인 맥스 테그마크(Max Tegmark)의 말이다.

항상 그랬다. 과거 20세기 초 양자역학과 상대성 이론을 포함해 과학 분야에 혁명적 변화가 있을 때마다 철학자들이 중요한 역할을 했다. 물리학자들이 시간과 공간에 대해 상당히 다른 관점으로 접근하는 기존의 두 이론에서 양자와 중력을 포괄하는 통합 이론을 이끌어내려 애쓰는 오늘날도 과학 분야에서 혁명적 변화가 일어나는 중이다. 관련 연구의 책임자이자 프랑스 마르세유의 지중해대학에 있는 카를로 로벨리(Carlo Rovelli)는 "철학자들은 양자중력론(quantum gravity)에서 시간과 공간에 대한 새로운 이해를 이끌어내는 데 굉장히 큰 역할을 하고 있습니다"라고 이야기한다.

이들이 어떤 식으로 함께 일하는지 보여주는 사례가 두 가지 있다. 첫 번째는 이른바 '얼어붙은 시간에 관한 문제'에 대한 것으로, 흔히 '시간에 관한 문제'라고도 한다. 이 문제는 이론물리학자들이 정준 양자화(定準 量子化, canonical quantization)라는 방법으로 아인슈타인의 일반상대성 이론을 양자론에 적용하려 할 때 처음 제기되었다. 이 방법은 전자기 이론에는 멋지게 적용할 수 있었지만 상대성 이론에 적용하려 하자 휠러-드위트(Wheeler-DeWitt) 방정식이라는, 시간 변수가 제외된 방정식이 필요해졌다. 이 방정식을 문자 그대로 받아들인다면, 우주는 시간에 관계없이 얼어붙은 것과 다름없어야 하므로, 우리가 보고 느끼는 것과는 완벽하게 배치된다.

시간 지켜내기

이처럼 만족스럽지 못한 결과는 사용한 방법 자체의 결함 때문일 수도 있지만, 몇몇 물리학자와 철학자들은 본질적 원인이 상대성 이론의 기본을 이루는 법칙 중 하나에 있다고 생각했다. 물리학자들은 상대성 이론을 기하학적 관점에서 이해한다. 두 관측자는 시공간(時空間, spacetime)을 각자의 관점에서 누가 움직이고 어떤 힘이 작용하는가에 따라 다른 형태로 파악한다. 각자의 시공간은 서로 다른 방식으로 휘어져 있을 뿐이다. 마치 커피 잔을 휘어서 도넛을 만들 수 있는 것과 같다.* 상대성 이론에 따르면 이런 차이는 무의미하므로, 이 두 가지 형태는 물리적으로 동등하다고 간주된다.

*손잡이가 달린 컵과 도넛은 모두 구멍이 뚫려 있다. 그래서 도넛 모양을 휘면 커피 잔 모양을 만들 수 있다. 비교하자면 공에는 구멍이 없다. 그래서 공을 휘더라도 도넛을 만들 수는 없다.

1980년대 후반 피츠버그대학의 철학자 존 어만(John Earman)과 존 노턴(John D. Norton)은 상대성 이론이 오랜 형이상학적 질문에 답을 줄지도 모른다는 놀랄 만한 주장을 펼쳤다. 우주 공간과 시간은 별이나 은하 같은 우주 내의 구성물과 무관하게 존재하는 것(실체론實體論, substantivalism)인가, 아니면 구성물 사이의 관계를 설명하기 위한 개념적 도구(상관주의相關主義, relationalism)일 뿐인가? 노턴의 표현을 보자. "화가들이 그림을 그리는 캔버스를 생각해보자. 캔버스는 그림이 그려지건 안 그려지건 존재하는 것인가? 마찬가지로 부모라는 개념에 비유할 수도 있다. 자식이 있어야만 부모가 될 수 있는 것처럼."

두 사람은 오랫동안 잊혀 있던 아인슈타인의 사고실험(思考實驗)을 다시 들여다봤다. 아무것도 들어 있지 않은 시공간 한 덩어리를 생각해보자. 이 덩어리 공간의 바깥쪽에서는 물질의 분포가 상대성 이론의 공식에 의해 시공간의 관계를 결정한다. 그러나 이 공간 내부에서 상대성 이론의 공식을 적용하면,

이 공간은 어떤 형태라도 될 수 있다. 시공간이 마치 천막이나 마찬가지인 것이다. 천막을 지지하면서 천막이 특정한 형태를 갖도록 해주는 기둥은 우주 공간에서의 물질과 같다. 그러나 천막에서 기둥을 빼버리면(아무것도 없는 시공간과 마찬가지다) 천막의 일부는 형체를 유지하지 못하고 늘어지거나 바람에 따라 마구 펄럭거리게 된다. 이런 모호함은 아무것도 없는 시공간뿐 아니라 어디에든 존재한다.

이 사고실험은 해결하기 어려운 문제를 던진다. 시공간이 실체주의적 관점에서 바라보듯 존재하는 것이라면, 일반상대성 이론은 비결정론적이어야 한다. 즉 일반상대성 이론으로 우주를 설명하려면 무작위적 요소가 포함되어야 한다. 반대로 결정론적이려면, 시공간은 단지 가공의 존재여야만 한다(상관주의가 성립하므로). 언뜻 보기엔 상관주의가 맞는 것 같다. 전자기론 같은 다른 이론들의 바탕에 깔려 있는 대칭성은 상관주의와 유사하기도 하다.

하지만 상관주의에도 문제는 있다. 이에 의하면 시간이 지남에 따라 우주의 형태가 변해야 하는데, 항상 똑같은 모습이라면 변한 게 아닌 셈이 되므로 얼어붙은 시간 문제의 궁극적 원인이 되어버린다. 게다가 상관주의는 실체주의적인 양자역학의 토대와 충돌한다. 시공간이 고정된 의미를 갖지 않는다면 양자역학에서 요구하듯 특정 장소를 특정한 시간에 관측하는 것이 어떻게 가능하겠는가?

이 딜레마에 대한 여러 해결책은 각각 전혀 다른 양자중력론적 결론에 이른다. 로벨리와 영국의 물리학자 줄리언 바버(Julian Barbour) 같은 일부 학자는 상관주의적 접근을 선호한다. 이들은 시간은 존재하지 않는다고 여기며, 눈에 보이는 변화가 환상이라는 것을 설명하는 방법을 찾고 있다. 끈 이론(string theory) 지지자를 포함한 다른 학자들은 실체주의에 우호적이다.

캘리포니아대학 샌디에이고캠퍼스의 철학자 크레이그 캘린더(Craig Callender)는 "물리학에서 철학의 가치를 보여주는 좋은 사례입니다"라고 이야기한다. "만약 물리학자들이 정준양자중력(canonical quantum gravity)에서의 시간 문제를 오로지 양자역학 문제라고 생각한다면 잘못 이해하고 있는 겁니다. 철학자들은 그 문제에 대해 훨씬 오래전부터 고민해왔으니까요."

또다시 엔트로피

철학자가 기여한 두 번째 사례는 시간의 화살(과거와 미래의 비대칭성)에 대한 것이다. 대부분 사람들은 시간의 화살 문제가, 시간이 흐름에 따라 (닫힌 계 내부에서의 무질서도라고 대략적으로 정의되는) 엔트로피가 증가한다는 열역학 제2법칙으로 설명된다고 생각한다.

19세기 오스트리아의 물리학자 루트비히 볼츠만(Ludwig Boltzmann)이 제시한 가장 일반적인 설명에도 문제가 있다. 이 설명은 기본적으로 세상이 무질서해지는 방법이 질서가 잡히는 방법보다 훨씬 많다는 발상에서 출발한다. 만약 지금이 아주 질서 잡힌 상태라면 조금 뒤에는 무질서도가 더 높아져야 한다. 그러나 이 논리에 따르면 시간은 대칭적이다. 방금 전에 무질서도가 더 높았을 수도 있는 것이다. 볼츠만도 이를 알았으므로, 엔트로피가 계속 증가하도록 만드는 유일한 해결법은 과거의 엔트로피가 낮았다고 보는 것뿐이다. 그래서 열역학 제2법칙은 근본적 진실이라기보다 빅뱅 같은 우주 역사 초기의 사건을 설명하려는 과학사적 결과물에 더 가깝다.

시드니대학의 철학자 휴 프라이스(Huw Price)는 시간의 비대칭성을 설명하려는 대부분의 시도가 순환 설명(시간의 비대칭성에 내포된 추정)에 빠진다고 이야기한다. 이 오류 때문에 물리학자가 양자역학을 바라볼 때도 문제가 생긴다. 애리조나대학의 리처드 힐리(Richard Healey)의 말을 빌리자면, 프라이스의 연구는 철학자가 "물리학자의 지적 양심"이 되어 기여할 수 있는지를 보여주는 사례다. 철학자는 논리적으로 철저히 훈련되어 있어 말로 표현되는 미묘한 차이도 찾아낼 수 있는 사람들이다.

양심에만 따르다 보면 삶은 굉장히 지루해질 것이고, 물리학자들은 철학자의 도움 없이도 그간 많은 업적을 남겼다. 그러나 논리를 끝없이 확장하는 문제에서 기댈 곳이라곤 양심뿐일 때도 많다.

2

인간과 시간

2-1 삶을 지배하는 시계

카렌 라이트 Karen Wright

생체심리학자 고(故) 존 기번(John Gibbon)은, 시대를 막론하고 모든 생명체의 삶에서 피할 수 없는 존재였다는 의미에서, 시간을 '태곳적 맥락'이라고 불렀다. 새벽에 꽃잎을 활짝 펴는 나팔꽃에게도, 가을이면 남쪽으로 날아가는 거위 떼에게도, 17년을 애벌레로 사는 메뚜기에게도, 매일 어딘가에서 피어나는 곰팡이에게조차도 시간은 절대적 요소다. 인간의 몸에서도 어디선가 생체 시계가 초, 분, 하루, 달, 해를 재고 있다. 테니스 경기에서 상대방의 서브를 받아내는 데 필요한 몇 분의 1초의 움직임도, 비행기 여행 뒤의 시차도, 매달 여성의 호르몬 분비량이 조절되며 생리가 일어나는 것도, 감정적으로 계절을 타는 것도 모두 생체 시계의 지배를 받는다. 세포 시계는 삶이 끝나는 시간을 재고 있는지도 모른다. 시간이 다 되면 죽음이 오는 것이다.

각각의 생체 시계는 스톱워치와 해시계만큼이나 다르다. 어떤 것은 굉장히 정확하고 변화가 없는 반면, 또 어떤 것은 덜 정확할 뿐 아니라 심리 상태에 크게 좌우된다. 생체 시계 중에는 천체의 움직임에 맞춰져 있는 것도 있고, 분자 단위의 움직임에 따르는 것도 있다. 생체 시계는 뇌와 신체가 정교하게 동작하는 데 핵심 역할을 한다. 또한 인간의 시간 감지 구조를 통해 노화와 질병에 대한 정보도 얻을 수 있다. 암, 파킨슨병, 계절적 우울증, 주의력결핍장애 등의 질병은 모두 생체 시계의 이상과 관련이 있다.

생체 시계가 어떤 식으로 동작하는지는 정확히 밝혀져 있지 않다. 하지만 신경과 의사를 비롯해 생체 시계를 연구하는 학자들은 인간이 시간이라는 네 번째 차원을* 겪으면서 가장 궁금해하는 의문에 대해 조금씩 답을 찾아내고 있다. 이를테면 왜 무언가를 기다릴 때는 시간이 잘 안 가고 즐거울 때는 시간이 빠르게 가는 것일까, 왜 밤새 일을 하면 소화가 잘 안 될까, 심지어 사람은 왜 햄스터보다 수명이 길까 하는 의문들이다. 생체 시계 연구는 머지않아 보다 심오하고 이해하기 어려운 문제들에 대한 답을 줄 수 있을 것이다.

*공간을 형성하는 3차원에 이은 네 번째 차원이라는 의미다.

몸 안의 스톱워치

이 글이 흥미롭게 느껴지는 독자라면 이 글을 읽는 시간이 금방 지나갈 테지만, 재미없다고 느껴진다면 그 반대일 것이다. 이는 뇌 속에서 몇 초부터 몇 시간 정도의 시간을 감지하는 '스톱워치'(또는 시간 간격 측정 타이머)의 장난이다. 야구에서 수비수가 날아가는 공을 잡으려면 얼마나 빨리 뛰어야 하는지를 알려주는 것이 바로 이 타이머다. 노래에 박자를 맞출 때 언제 손뼉을 쳐야 하는지도 이 타이머가 조절한다. 아침잠을 깨우는 자명종 벨이 꺼지고 얼마쯤 뒤에 일어나야 하는지도.

시간 간격 측정 타이머는 인식능력, 기억, 의식을 관장하는 대뇌피질과 결합해 고차원적 인지능력을 형성한다. 예를 들어 운전 중에 앞쪽 신호등이 노란색이면 신호등이 얼마 동안 노란색이었고 앞으로 얼마나 노란색일지를 무의식적으로 계산한다. "이에 근거해서 계속 달릴지 멈출지를 결정하는 거죠."* 클리블랜드병원 루 루보(Lou Ruvo) 뇌건강센터의 스테판 라오(Stephen M. Rao)의 말이다.

라오는 생체 기능 진단 MRI(functional MRI, fMRI)를 이용해 뇌의 각 부분과 기능이 어떻게 연결되어 있는지를 밝혀내려 한다. 각각 다른 높이의 두 가지 소리를 서로 다른 간격으로 두 번에 걸쳐 들려주고 뇌의 반응을 관측한다. 뇌에서 기능하고 있는 부위는 그렇지 않은 부위에 비해 산소 소비량이 많은데, fMRI는 0.25초마다 뇌혈관의 혈액 이동 속도와 산소 결합량을 측정하고 기록한다. 라오는 "이를 통해 가장 먼저 반응하는 부분이 대뇌 기저핵(基底核)이라는 것을 알 수 있습니다"라고 이야기한다.

뇌의 이 부분은 신체의 움직임과 밀접히 연관되어 있으며, 시간 간격 감지 기능을 하는 주요 부위로 추정된다. 대뇌 기저핵의 한 부분인 선조체(線條體)는 뇌의 다른 부분에서 신호를 받아들이는 신경세포와의 연결이 유독 두드러진다. 선조체 세포는 1만~3만 개의 줄기로 이루어져 있으며, 각각의 줄기는 다른 부위에 있는 서로 다른 뉴런에서 정보를 받아들인다. 뇌의 각 부위가 그물처럼 엮여 동작한다고 생각하면, 선조체의 줄기 뉴런이 핵심 역할을 맡아야 된다. "뇌에서 수천 개의 뉴런이 한곳으로 모이는 몇 군데 중 하나입니다." 듀크대학의 워런 멕(Warren H. Meck)의 말이다.

* 한국 법에 따르면 주행 중 노란불이 켜졌을 때 정지선에 다다르기 전이라면 멈춰야 하고, 정지선을 통과한 뒤라면 계속 진행해야 한다.

멕이 컬럼비아대학에서 2001년 기번이 사망하기 전까지 함께 진행한 연구에 따르면, 선조체의 줄기 뉴런은 시간 간격 감지에서 핵심 역할을 한다. 이 이론은 대뇌피질에 신경 진동자(振動子, oscillator)의 무리가 있다고 가정한다. 신경세포들이 각기 다른 속도로 신호를 내고 있다는 의미다. 이미 많은 대뇌피질 세포가 외부 자극이 없어도 초당 10~40회의 빈도로 신호를 낸다는 사실이 알려져 있다. 멕에 따르면 이 뉴런들은 모두 각자 고유의 빈도로 진동한다. "마치 군중 속에서 각자 자기 할 말을 하는 사람들 같은 거죠."

대뇌피질 진동자는 신호 전달선 수백만 개를 통해 선조체에 연결되므로 선조체의 줄기 뉴런은 모든 뉴런 사이의 '대화'를 엿들을 수 있다. 이제 피질 세포가 (말하자면 노란 신호등 같은) 무언가에 반응한다. 이 자극에 의해 피질에 있는 모든 뉴런이 동시에 신호를 내보내면 약 0.3초 뒤에 전기 스파이크가 발생한다. 이 신호는 마치 달리기 경기의 출발 신호와 같아서 피질 세포들은 원래의 개별적인 진동 상태로 되돌아간다.

하지만 뉴런들이 모두 동시에 진동을 시작하므로 이때 뉴런들이 만들어내는 신호의 형태는 항상 일정하며, 신경이 작동을 시작할 때 보여주는 형태를 드러낸다. 줄기 뉴런은 이 신호의 형태를 보고 신경이 반응한 시간을 '센다'. 정해진 시간 간격이 끝날 때(예를 들어 신호등이 노란색에서 빨간색으로 변하면) 대뇌 기저핵의 일부인 흑질(黑質)이 선조체로 신경전달물질인 도파민(dopamine)을 보낸다. 이 도파민 신호를 받은 줄기 뉴런이 그 순간에 신호를 받은 대뇌피질의 진동 형태를 기록한다. 마치 플래시를 터뜨려 뉴런이라는 필름에 그 순간 대뇌피질의 모습을 기록하는 것과 같다. 멕에 따르면 이렇다. "상상할 수 있는 모든 시간 간격마다 고유의 시간 기록 도장이 있는 겁니다."

일단 어떤 사건이 일어나서 시간이 기록되는 것을 줄기 뉴런이 알게 되면, 그 사건에 관련된 후속 사건은 시간 간격의 시작 시점에 대뇌피질에게 출발 신호를 보내 도파민 분비가 시작되도록 한다. 분비된 도파민은 줄기 뉴런에게 이후 대뇌피질에서 발생하는 신호의 형태를 추적하라고 지시한다. 줄기 뉴런이 사건의 끝을 알리는 시간 도장을 확인하면 선조체에서 시상(視床)으로 전기 신호를 보낸다. 이제 시상은 대뇌피질과 통신하기 시작하고, 기억이나 의사 결정 같은 고차원적 인지 기능들이 역할을 넘겨받는다. 인체가 적절하게 시간을 맞추는 구조는 이런 식으로 대뇌피질에서 선조체를 거쳐 시상으로, 다시 대뇌피질로 연결되는 순환적 신호 전달 체계로 이루어져 있다.

도파민 분비가 시간 간격 측정에서 핵심 역할을 담당한다는 멕의 생각이 맞는다면, 도파민 분비에 영향을 주는 질병이나 약물도 영향을 미쳐야 한다. 실제로 지금까지의 연구에 따르면 그렇다. 파킨슨병 환자가 치료를 받지 않으면, 선조체로 전달되는 도파민 분비가 줄어들고 체내의 시계가 늦게 간다. 실험에 따르면, 이 환자들은 시간의 흐름을 항상 실제보다 천천히 가는 것으로 느꼈다. 마리화나도 도파민의 분비를 줄임으로써 시간이 천천히 가는 것처럼 느끼게 한다. 코카인이나 메스암페타민* 같은 마약은 도파민 분비를 촉진하므로 체내의 시계가 빨리 가게 되어 결과적으로 시간이 길어진 것으로 느끼게 된다. 아드레날린을

*우리나라에서 필로폰이라고 부르는 것.

비롯한 다른 스트레스 호르몬 역시 시계가 빨리 가게 만들기 때문에 기분이 안 좋을 때는 1초가 마치 한 시간처럼 느껴지는 것이다. 무엇에 깊이 집중해 있거나 극도로 감정적인 상태에서는 이런 체계가 아예 무너지거나, 아니면 완전히 비껴갈 수도 있다. 그런 경우에는 시간이 전혀 흐르지 않는 것처럼 느끼거나, 아예 존재하지 않는 것처럼 느끼게 된다. 시간의 흐름을 측정하는 과정은 최초에 무엇인가 신호가 있어야 하기 때문에, 멕은 주의력결핍 과잉행동장애(attention-deficit hyperactivity disorder, ADHD) 환자들도 시간 감각에 문제가 있을 것이라고 추측한다.

체내의 시간 간격 측정 시계는 훈련으로 그 성능을 높일 수도 있다. 음악가나 운동선수들은 연습을 통해 보다 정교하게 타이밍을 맞출 수 있다는 것을 안다. 반면 보통 사람들은 몇 초에서 몇 분에 이르는 시간은 '하나, 둘, 셋' 식으로 시간을 세어야만 짐작할 수 있다. 라오는 연구에서 시간을 세는 방법은 제외했는데, 왜냐하면 이것이 언어 능력과 관계된 뇌의 부위도 자극하기 때문이다. 라오에 따르면, 시간을 세는 방법을 쓰는 것은 금방 드러난다. "머릿속으로 시간을 세고 있는 것인지, 감각적으로 시간의 흐름을 감지하는 것인지 금방 알 수 있을 정도로 차이가 크게 나타납니다."

24시간 주기의 체내 시계

시간 간격을 재는 체내 스톱워치의 장점 중 하나는 유연성이다. 언제나 마음대로 동작시키거나 정지시킬 수 있고, 원한다면 아예 무시할 수도 있다. 하지만 정확도 면에서는 뛰어나지 않다. 이런 체내 시계의 정확도는 5~60퍼센트로 알려져 있다. 정신이 산만하거나 긴장한 상태에서도 성능이 떨어진다. 그리고 시간이 길어질수록 정확도가 떨어진다. 그래서 우리가 시계를 차거나 휴대전화를 갖고 다니는 것이다.

다행히도 24시간 간격을 좀 더 정확히 알려주는 시계가 몸 안에 있다. 신체의 주기를 지구의 자전에 의해 반복되는 낮과 밤의 주기에 맞춰주는 이 시계는 하루활동주기(circadian) 시계라고 하는데, 라틴어로 '대략'이라는 의미의 'circa'와 '하루'라는 뜻의 'dies'에서 따온 이름이다. 이 시계 덕분에 밤이 되면 잠을 자고 아침이면 눈을 뜨는 생체 주기가 유지된다. 그러나 이것이 다가 아니다. 인간의 체온은 늦은 오후에서 이른 저녁 사이에 최고로 올라가고, 잠에서 깨어나기 몇 시간 전에 최저로 떨어진다. 혈압은 보통 아침 6~7시부터 오르기 시작한다. 스트레스에 반응해 분비되는 호르몬인 코르티솔(cortisol)은 오전 중 분비량이 밤에 비해 거의 10~20배나 많다. 배뇨와 장운동은 밤에 억제되었다가 아침이 되면 다시 동작하기 시작한다.

체내의 하루활동주기 시계는 동작하는 데 특별한 외부 자극이 필요 없기 때문에 시작과 중지를 조작해야 하는 스톱워치라기보다 태엽만 감으면 계속 가는 벽시계에 가깝다. 자원자를 대상으로 동굴 생활 실험과 여타 생체 실험을 수행한 결과에 따르면, 인간의 활동이 하루를 주기로 이루어지는 성향은 햇빛이나 직업적 필요성, 카페인 등과 관계없이 유지되는 것으로 드러났다. 게다가 이런 특징은 신체의 모든 세포에서도 관찰된다. 인간의 체세포를 배양

접시에서 지속적인 빛에 노출해도 호르몬 분비와 에너지 생산이 24시간 주기로 반복된다. 이 주기는 유전자에 담겨 있는 정보이고, 오차는 1퍼센트 정도여서 하루에 고작 몇 분이다.

그러나 하루활동주기 시계에 빛이 필요하지 않다면 유전자 정보에 의해 세포에 주입된 주기와 실제 낮과 밤의 변화가 일치하게 만들어야 한다. 하루에 몇 분이 빨라지거나 느려지는 시계와 마찬가지로, 하루활동주기 시계도 지속적으로 시간을 맞춰줘야만 정확성이 유지된다. 신경생리학자들은 햇빛이 어떤 방식으로 이 시계를 다시 맞추는지에 대한 비밀을 많이 밝혀냈다. 중심이 되는 부위는 오래전부터 대뇌 시상하부(視床下部)에 있는 1만 개의 신경세포군 두 곳이라고 여겨져왔다. 수십 년에 걸친 동물 실험의 결과, 시교차상핵(視交叉上核, suprachiasmatic nudeus, SCN)이라고 불리는 이 부위가 하루 주기의 혈압과 체온의 변동, 신체 활동 수준과 반응 수준을 조절하는 것으로 드러났다. 또한 시교차상핵은 대뇌의 송과선(松果腺)에게 인간의 수면을 유도하고 밤에만 분비되는 멜라토닌을 언제 분비해야 하는지도 알려준다.

지난 10년간의 연구 결과, 눈 홍채의 특정 세포가 빛의 강도에 대한 정보를 시교차상핵에 전달한다는 것이 밝혀졌다. 신경절 세포의 일부인 이 세포들은 시각 기능을 중재하는 막대세포* 및 원추세포와는** 완전히 별개로 동작하며, 빛의 급작스런 변화에 훨씬 둔감하다. 이런 둔감성이 하루 주기의 움직임에는 아주 유리한 특성이 된다. 그렇지 않다면 밤에 불꽃놀이를 보거나 낮에 영화를 보러 가는 것

*희미한 빛에 반응하는 세포.
**색깔을 구분하는 세포.

만으로도 반응할 수 있기 때문이다.

하루활동주기와 시교차상핵 사이의 연관성은 다른 관점에서 볼 수도 있다. 학자들은 시교차상핵이 체내의 기관 및 조직의 모든 개별적 세포 시계와 연결되어 있다고 여긴다. 1990년대 중반 파리와 쥐, 인간의 하루활동주기를 담당하는 네 개의 핵심적 유전자가 발견되었다. 이 유전자들은 시교차상핵뿐 아니라 모든 곳에서 나타났다. 텍사스대학 사우스웨스턴메디컬센터의 조셉 다카하시(Joseph Takahashi)는 "체내 시계를 움직이는 유전자는 신체 전체에서 발견되고, 모든 조직에 다 있습니다"라고 알려줬다.

최근에는 하버드대학의 연구진이 쥐의 심장과 간 조직에서 24시간 주기로 움직이는 1,000개 이상의 유전자가 발현하는 것을 찾아냈다. 그러나 두 조직에 있는 유전자는 서로 다르게 동작해, 심장과 간에서 서로 다른 시간대에 발현한다. "모든 세포 어디든지 있습니다." 버지니아대학 마이클 메너커(Michael Menaker)의 이야기다. "종류에 따라 밤에, 아침에, 낮에 가장 활동적이 됩니다." 메너커는 먹이를 주는 일정에 따른 간의 활동주기가, 빛과 어둠의 변화에 따라 움직이는 시교차상핵의 리듬에 우선할 수 있다는 것을 입증했다. 실험용 쥐는 보통 먹이를 아무 때나 먹고 싶을 때 먹는데, 먹이를 하루에 한 번만 주면 간의 하루활동주기 시계 유전자의 발현이 12시간 늦어지는 반면, 시교차상핵에 있는 동일한 유전자의 발현은 빛의 변화에 맞춰서 여전히 변하지 않았다. 소화와 관련된 간의 역할을 생각해보면 매일의 음식 섭취 시간이 간의 리듬에 영향을 미치는 것은 자연스러워 보인다. 학자들은 다른 조직과 기관의 하루활동주기 시계도 24시간 주기로 일어나는 (스트레스, 운동, 온도 변화 등의) 외부적 신호에 영향을 받는다고 믿는다.

하지만 여전히 체온, 혈압, 그 밖의 다른 핵심적 주기를 관장하는 시교차상핵이 가장 핵심이라는 사실에는 변함이 없다. 그러나 부수적인 체내 시계들까지 시교차상핵에 의해 조절되지는 않는 것으로 여겨진다. "몸 안의 각 기관은 뇌와는 다른 독자적인 시계를 갖고 있습니다." 다카하시의 말이다.

이처럼 부수적인 체내 시계들이 독자적으로 동작하는 것 때문에 항공기 여행에 의한 시차 같은 현상은 이유를 알아내기가 더 어렵다. 특정한 상황의 시간 간격을 측정하는 시계는 스톱워치처럼 언제든 순식간에 초기 상태로 되돌릴 수 있지만, 하루활동주기 시계는 타임존이 갑자기 바뀌어 하루의 길이가 달라지면 다시 맞추는 데 며칠, 심하면 몇 주도 걸릴 수 있다. 시차가 어긋나서 햇빛이 이전과 다른 시간에 비추면 시교차상핵은 아주 느리게 제자리를 찾는다. 그러나 다른 체내 시계들이 시교차상핵의 움직임에 맞춰 다시 정렬되지는 않는다. 몸의 리듬이 정상 상태로 돌아오는 시간은 부위에 따라서 다르다.

체내의 모든 시계는 결국 다시 맞춰지게 되어 있으므로 항공기 여행에 의한 시차는 무한정 지속되지 않는다. 밤 근무자나 밤샘 파티를 즐기는 사람들, 밤샘 공부를 하는 학생들을 비롯해 밤에 활동하는 사람들은 이런 면에서 더 힘든 상황에 놓인다. 생각하기에 따라서는 정신적 이중생활을 한다고 볼 수도 있다. 낮에 충분히 잔다고 해도 생체의 기본적인 리듬은 여전히 시교차상핵에 의해 지배되므로, 몸의 기본적인 기능들이 밤에는 '잠든' 상태를 지속하는 것이다. 오리건보건과학대학의 앨프레드 루이(Alfred J. Lewy)는 이렇게 이야기 한다. "일찍 자고 일찍 일어나거나, 늦게 자고 늦게 일어날 수는 있죠. 하지만 멜라토닌 분비나 코르티솔 분비량, 체온 변화를 여기에 맞출 방법은 없어요."

반면에 자고 일어나는 주기와 밤낮의 주기에 관계없이 운동이나 식사 시간대를 조절해서 일부 부수적인 체내 시계를 전혀 다른 주기로 동작하게 만들 수 있다. 체내의 각종 시계가 한꺼번에 서로 다른 주기에 맞춰서 돌아가는 심야 근무 근로자들에게 흔히 심장병이나 위장병, 수면 장애가 있는 것은 전혀 놀라운 일이 아니다.

계절에 맞춰진 체내 시계

항공기 여행 뒤의 시차나 심야 근로자의 경우는 체내의 하루활동주기 시계가 갑자기 밤-낮 주기나 잠자기-깨어나기 주기와 어긋날 때 겪게 되는 특수한 상황이다. 그런데 이 정도로 급작스런 변화는 아닐지라도 계절이 변할 때마다 비슷한 상황이 일어날 수 있다. 연구에 따르면, 사람은 잠자리에 드는 시간은 달라도 일어나는 시간은 (보통 자녀나 애완동물을 돌봐야 하거나, 부모가 깨우거나, 직장에 출근해야 하는 이유로) 1년 내내 거의 일정한 특성이 있다. 고위도 지방에서는 겨울이면 해가 뜨기 몇 시간 전에 일어나야 한다. 이런 경우의 자고 깨어나는 주기는 태양의 움직임과 상당히 동떨어진 셈이다.

계절성우울증(seasonal affective disorder, SAD)은 일상생활과 낮 시간의 길이가 일치하지 않는 데서 그 원인을 찾을 수 있다. 미국에서는 성인 20명 중

한 명꼴로 계절성우울증에 시달리며, 10월부터 3월 사이에 계절성우울증에 의한 체중 증가, 무기력증, 피로증후군 등을 겪는다. 이 증상은 남부보다 북부 지방에서 열 배 이상 흔하다.* 이 질환이 계절에 따라 나타나긴 하지만, 일부 의사들은 하루활동주기 시계에 문제가 생겨서 일어나는 것으로 여긴다. 루이의 연구에 따르면, 계절성우울증 환자들이 겨울에도 해가 뜨는 시간에 맞춰 깨면 증상이 사라진다. 결국 질병이라기보다는 자고 깨는 주기가 계절에 맞춰서 변화한다는 증거일 뿐인 셈이다. 루이는 "일상생활을 태양의 주기에 맞추면 이런 질병으로 고생할 일은 없을 겁니다"라고 이야기한다. "해가 지면 잠자리에 들고 해가 뜨면 일어나면 되는데, 현실은 그렇지 않으니까 문제가 되는 거죠."

*미국을 포함한 북반구에서는 겨울에 북쪽으로 갈수록 낮이 짧아지고 밤이 길어진다.

현대 문명의 삶에서 계절적 변화가 고려되지 않는 이유 중 하나는 인간이 계절에 가장 둔감한 종이라는 데 있다. 계절성우울증은 다른 종들이 흔히 겪는 1년 주기의 변화와 마찬가지 현상이다. 겨울잠, 계절에 따른 대규모 이동, 털갈이, 특히 모든 계절에 따른 주기적 활동의 기준이 되는 번식기가 그렇다. 이처럼 계절적으로 주기적인 모든 현상이 낮과 밤의 길이를 측정하는 하루활동주기 시계에 따라 일어나는 것일지도 모른다. 시교차상핵과 송과선은 밤을 감지해 긴 겨울밤에는 멜라토닌이 더 오랫동안 지속되게 만들고, 반대로 여름에는 덜 분비되도록 한다. "햄스터의 생식선(生殖腺)은 낮이 12시간인 날에는 활동하지 않지만, 12시간 15분인 날에는 활동합니다." 메너커의 말이다.

2-1

다른 동물들에게서 계절에 따라 변화하는 기관이 인간에게도 있는데, 인간에게서는 왜 그런 기능이 사라졌을까? "왜 인간도 그런 기능이 있었으리라고 생각하시는 거죠?"라고 메너커가 반문한다. "인간은 열대지방에서 진화한 생물입니다." 그는 열대지방의 동물들이 계절에 따라 뚜렷하게 변화하는 특징을 보이지 않는다고 한다. 열대지방에서는 계절의 변화가 크지 않아 그럴 필요가 없기 때문이다. 열대지방에서는 번식에 가장 적합한 계절이 따로 없으므로 대부분 동물에게 번식기가 특별히 없다. 인간도 마찬가지다. 인류의 조상은 오랜 시간에 걸쳐 환경을 통제하는 능력을 증진해왔기 때문에 계절의 변화는 인류의 진화에서 그다지 중요한 요소가 되지 못했다.

그러나 인간도 번식에 있어 한 가지 면에서는 주기적 특징을 갖는다. 인간을 비롯한 영장류의 암컷은 한 달에 한 번만 난자를 만들어낸다. 배란과 생리주기는 호르몬요법, 운동, 심지어 생리 중인 다른 암컷의 존재에도 영향을 받으며, 이 체내 시계의 화학적 순환 구조는 잘 알려져 있다. 그러나 생리 주기가 특정한 길이를 갖는 이유는 아직까지 모른다. 생리 주기가 달의 공전주기와 대략적으로 일치하는 것은 순전히 우연으로, 과학자들은 이를 설명하려 들지 않는 것은 물론이고 연구 대상으로 생각조차 하지 않는다. 아직까지는 달이 차고 기우는 모양이나 중력 에너지와 여성의 생식 호르몬 사이에서 특별한 연결 고리가 발견되지 않았다. 월경과 관련된 체내 시계는 여전히 풀리지 않는 의문이다. 이보다 더한 의문은 죽음이라는 궁극적 요소뿐일 것이다.

시간의 복수

사람들은 노화와 (암, 심장병, 골다공증, 관절염, 알츠하이머 같은) 노화에 의한 질병을 혼동해, 이런 병만 피할 수 있다면 영원히 살리라고 생각하는 경향이 있다. 하지만 생물학적 관점에서 보면 전혀 그렇지 않다.

오늘날 선진국 국민의 평균 수명은 70세를 넘는다. 반면 하루살이의 평균 수명은 글자 그대로 하루에 불과하다. 생물학자들은 종에 따른 평균 수명의 차이가 어디에서 비롯되는지 궁금해한다. 수명이 정해져 있다면, 며칠 남았는지는 어디서 어떤 식으로 계산되고 있을까?

동물에 한정해 이루어진 노화 관련 연구의 결과에 의하면, 자연적인 수명의 길이와 관련된 여러 가지 통상적인 가정에 의문을 갖게 된다. 수명이 유전학적 특성으로만 결정되는 것도 아니다. 예를 들어 일벌의 수명은 몇 개월 정도인 데 비해 여왕벌은 몇 년을 산다. 게다가 유전자 돌연변이를 겪은 쥐의 혈통은 정상적인 쥐에 비해 수명이 50퍼센트나 길어지기도 한다. 대사율(代謝率)이 높으면 수명이 단축될 수 있지만, 포유류에 비해 신진대사가 빠른 조류 중 많은 종은 덩치가 비슷한 포유류에 비해 오래 산다. 덩치가 크고 신진대사가 느린 종이 작은 종보다 오래 사는 것은 아니다. 앵무새의 수명은 대략 인간과 비슷하고, 보통 작은 종의 개가 큰 종보다 오래 산다.

인간의 수명 한계를 연구하는 과학자들은 보통 인체를 전체적으로 바라보기보다 세포 수준에서 접근하는 경향이 있다. 지금까지 알려진 가장 유력한 답은 유사분열(有絲分裂) 시계라고 알려진 기능이다. 이 체내 시계는 세포분열이나 유사분열처럼 세포가 여러 개로 늘어나는 내역을 모두 기록한다. 모래시계의 모래 알갱이를 각각의 세포분열로 생각하면 된다. 모래시계에 들어 있는 모래 알갱이의 수가 유한하듯, 인체의 세포분열 횟수에는 한계가 있다. 배양 실험에 의하면, 세포는 60~100회 정도 분열한 뒤 더 이상 분열하지 않는다. 브라운대학의 존 세디비(John Sedivy)는 "그야말로 갑자기 분열이 멈춥니다"라고 말한다. "이 상태의 세포는 호흡하고, 대사를 하고, 움직이기는 하지만 절대로 다시 분열하지는 않습니다."

세포를 배양하면 보통 몇 달 뒤에 이런 노화 상태에 이른다. 다행히 몸을 구성하는 세포는 이보다 훨씬 느리게 분열한다. 궁극적으로는 (70년이 좀 넘으면) 멈추지만. "세포가 세는 것은 시간이 아니라 분열의 횟수입니다." 세디비의 지적이다.

세디비의 연구 결과에 따르면, 유전자에 돌연변이를 일으켜 인간의 섬유아세포(纖維芽細胞)를 20~30회 정도 더 분열되게 만들 수 있다. 이 유전자는 염색체(染色體)의 수명을 정하는 말단소립(末端小粒, telomere)이라는 구조와 관련 있는 이른바 p21 단백질에 대한 정보를 담고 있다. 텔로미어는 유전자와 마찬가지로 DNA로 이루어져 있으며 6bp* 길이의 염기(鹽基) 배열이 수천 회 반복되는 형태인데, 여기에는 단백질과 관련된 아무 정보도 들어 있지 않다. 세포가 분열할 때마다 텔로미어의 일부가 사라진다. 인간 태아의 텔로미어 길이는 1만 8,000~2만 bp에 이른다. 반면 인간이 노쇠한 단계에서는

*bp(base pair, 염기쌍, 鹽基雙)는 DNA와 같은 핵산 연쇄의 길이 단위.

그 길이가 6,000~8,000bp에 불과하다.

생물학자들은 텔로미어가 어느 수준 이하로 줄어들면 세포가 노쇠한 상태에 이르는 것이 아닐까 여기고 있다. 록펠러대학의 티티아 드 랭(Titia de Lange)은 이와 관련해서 새로운 이론을 제시했다. 건강한 세포에서는 마치 주머니에 손을 넣은 모습처럼 염색체의 끝이 말려서 염색체에 붙어 있다. 이 '손'은 텔로미어 마지막 부분의 100~200bp 정도이고, 다른 부분처럼 쌍이 아니라 않고 단독으로 이루어져 있다. 10여 개의 특수한 단백질과 함께 이런 단독 형태의 갈라진 끝부분이 말려 윗부분의 쌍으로 이루어진 부위에 연결되어 끝부분이 보호되는 것이다.

드 랭의 설명에 의하면, 텔로미어의 길이가 아주 짧아지면 "꼬여서 고리 형태가 될 수 없는" 상태가 된다. 끝이 고리처럼 되어 있지 않은 상태에서 텔로미어의 갈라진 양끝은 서로 연결될 가능성이 높다. 이렇게 되면 세포 내의 모든 염색체가 연결되어버린다. 세디비가 변형시킨 p21 세포가 추가적으로 발생한 유사분열 뒤에 죽은 이유일 가능성이 있다. 그렇지 않은 다른 세포들은 암에 걸렸다. 정상적인 p21과 텔로미어의 역할은 세포가 지나치게 많이 분열되어 세포가 죽거나 악성세포가 되는 것을 막는 데 있다. 세포의 노화는 죽음을 의미하는 것이 아니라 오히려 수명을 연장할 수도 있다. 세포는 비정상적 성장에 적절히 대처하지 못하기 때문에 갑자기 죽음을 맞이하는 것일 수도 있다.

드 랭이 덧붙였다. "이런 단순화된 접근을 통해 인체가 전체적으로 어떻게 움직이는지에 대한 충분한 정보를 얻고자 하는 겁니다."

지금으로서는 노화에서 텔로미어의 역할이 결정적이라는 주장을 완전히 믿을 수 없고, 텔로미어가 짧아지는 것과 노화가 기껏해야 아주 약한 연관성을 갖는 것으로 보인다. 스페인 국립암연구소에서 분자종양학을 연구하는 마리아 블라스코(Maria Blasco)는 700달러의 비용으로 텔로미어의 길이를 측정해서 남은 수명을 예측할 수 있는 기술을 개발하고 있다. 관계자는 10년 이내에 이 검사를 이용해서 생물학적 나이를 정확히 알아낼 수 있을 것이라고 말한다. 남은 수명도 사업의 대상이 되는 세상이다.

다른 전문가들은 텔로미어의 길이가 개인에 따라 크게 다르기 때문에 생물학적 나이를 보여주는 믿을 만한 지표가 될 수 없다고 지적한다. 대부분 세포가 어떤 경우라도 계속 분열해야만 주어진 기능에 충실한 것은 아닌데, 감염에 맞서는 혈액세포와 정자가 대표적이다. 많은 노인들이 젊은이라면 어렵지 않게 극복할 가벼운 감염을 이겨내지 못하고 사망한다. 세디비는 대부분의 신경세포가 분열을 하지 않기 때문에 "노화는 신경계통과는 아무런 관련이 없다고 보입니다"라고 이야기한다. "오히려 면역 체계와는 밀접한 관계가 있을 가능성이 높습니다."

캘리포니아 노바토에 있는 버크노화연구소의 교수이자 로렌스버클리국립연구소의 세포생물학자인 주디스 캄피시(Judith Campisi)의 지적에 따르면, 텔로미어의 손실은 세포가 분열하면서 생존하려는 과정에서 나타나는 부수적인 피해 중 하나다. DNA는 세포가 분열하며 복제되는 과정에서 종종 손상되기 때문에 여러 번 분열한 세포일수록 젊은 세포에 비해 유전자 정보가 손상을 받을 가능성이 높다. 인간과 동물의 노화와 관련이 있는 유전자는 흔히 이런 오류를 방지하거나 수정하는 단백질 정보를 갖고 있다. 세포가 분열할 때마다 DNA 복제의 부산물이 세포핵에 쌓여, 이후의 복제 과정을 점점 더 복잡하게 만드는 것이다.

캄피시는 세포분열이 굉장히 위험 요소가 많은 과정이라고 지적했다. 그렇게 보면 인체가 세포분열 횟수에 제한을 둔 것이 놀라울 일도 아니다. 게다가 세포의 노화를 막는다고 해도 불로장생의 삶이 얻어지는 것은 아니다. 세포분열이라는 모래시계의 모래알이 모두 아래로 떨어지고 난 뒤 모래시계를 뒤집을 방법은 없으니까.

2-2 그건 언제였을까

안토니오 다마지오 Antonio Damasio

사람들은 알람 덕분에 제시간에 일어나고, (회의, 방문객 맞이, 점심 식사 등의) 하루 일과는 모두 시간에 맞춰져 있다. 사람들끼리 시간을 맞추며 하는 생활이 가능한 것은 우리 모두가 암묵적으로 태양의 움직임이라는 거부할 수 없는 한 가지 기준에 맞춰 시간을 측정하기 때문이다. 인간은 생체 시계를 낮과 밤이라는 주기적 변화에 적응시키면서 진화해왔다. 신체는 뇌의 시상하부에 자리 잡은 이 시계에 맞춰 움직인다.

그런데 몸 안에는 또 다른 시계도 있다. '마음의 시간'은 시간의 흐름을 인지하게 하며, 우리가 겪은 일들을 순서대로 기억하도록 해준다. 시계가 가는 속도는 일정하지만 어떤 순간은 빠르게, 다른 순간은 느리게 지나가는 것으로 느껴지고, 또 어떤 기간은 길게, 다른 기간은 짧게 느껴진다. 이런 감각의 변화는 몇십 년, 계절, 몇 주, 몇 시간에 이르는 다양한 시간대와 짧게는 음악의 아주 짧은 구간(한 음표의 길이나 음표와 음표 사이의 정적)에 이르기까지 광범위하게 일어난다. 사람은 인생 전반에 걸친 일과 몇 초에 불과한 일 모두 경험한 시간 순서에 따라 다양한 길이로 정리해 기억한다.

생물학적 시간과 정신이 기억하는 마음의 시간이 어떤 방식으로 연결되어 있는지는 아직 모른다. 심리적 시간이 하나의 어떤 신체 기관에 달려 있는 것인지, 아니면 지속이라든가 시간적 순서에 대한 판단이 주로(심지어 전적으로)

뇌의 정보처리 과정에 의존하는 것인지는 불분명하다. 만약 후자가 맞는다면 마음의 시간은 우리가 특정 사건에 기울이는 관심과 주의, 그때의 감정 상태에 따라 정해져야 할 것이다. 마음의 시간은 인간이 사건을 기록하는 방식과 기억을 되살려낼 때 사용하는 추론 방법에 따라 결정된다.

시간과 기억

필자가 시간 인지 문제에 관심을 갖게 된 것은 담당했던 신경과 환자들 때문이었다. 뇌에서 새로운 내용을 학습하고 기억해내는 부분에 손상을 입은 환자는 과거의 사건을 시간적 순서대로 분류하는 능력이 저하된다. 또한 몇 시간, 몇 달, 몇 년, 몇십 년 단위의 시간 흐름을 정확히 인지하는 능력도 상실된다. 반면 이들의 생체 시계는 이와 무관하게 정확하여 몇 분 이내에 일어나는 일에 대해서는 별 문제가 없다. 이런 환자들을 통해서 분명하게 알 수 있는 것은 시간과 관련된 인지능력과 특정한 종류의 기억은 신경과적 문제와 밀접히 연결되어 있다는 점이다.

기억상실증과 시간 사이의 연결 고리는 기억력에 중요한 역할을 하는 뇌의 해마(海馬)와, 해마가 대뇌피질과 정보를 주고받도록 도와주는 측두엽(側頭葉)에 영구적 손상을 입은 환자에게서 뚜렷이 드러난다. 해마가 손상되면 새로 경험하는 일을 기억하지 못하게 된다. 지나간 일의 선후를 인지하는 데 있어서 기억은 필수적인 요소이다. 우리는 지나간 일을 사건별로 구성하고, 개인적으로 겪은 일과 그 사건들을 연계한다. 해마가 제대로 동작하지 않는 환자는 눈앞에서 일어나는 일을 1분 이상 기억하지 못한다. 이런 증상을 선행성(先行性) 기억상실이라고 부른다.

흥미로운 사실은 해마에 의해 기억되는 사건이 정작 해마에 기록되지 않는다는 점이다. 이 기억은 시각적 인상, 소리, 촉각에 의한 정보 등의 기억 내용을 담당하는 신경망(神經網) 곳곳에 배분된다. 이런 신경망은 대뇌피질 일부에 분포해 있으며, 기억을 저장하고 꺼내는 동작에 의해서 활동하기 시작한다. 이 신경망이 손상된 환자는 사건을 오랫동안 기억하는 능력이 사라지는 역행성(逆行性) 기억상실증을 겪는 것이다. 이런 환자들은 특별한 순간에 일어났던 특별한 내용의 사건처럼 일어난 날짜가 확실한 것들을 기억하지 못한다. 결혼식이 좋은 예다. 그런데 결혼했다는 사실은 결혼식과 종류는 다르지만 결혼식과 연관이 있고, 여기에는 특별한 날짜가 없다. 해마를 둘러싼 측두엽 피질이 이런 기억과 밀접히 관련되어 있다.

측두엽 피질에 손상을 입은 환자는 몇 년에서 몇십 년에 이르는 개인적인 인생사의 기억이 완벽히 지워진다. 바이러스성 뇌염, 뇌졸중, 알츠하이머병 등이 신경과적으로 가장 심각한 장애를 일으키는 대표적 질병이다.

동료와 함께 25년간 관찰한 환자가 있었는데, 유아 시절을 제외하고는 거의 아무것도 기억하지 못했다. 이 환자는 46세 때 해마와 측두엽 일부에 손상을 입었다. 따라서 선행성 기억상실증과 역행성 기억상실증을 모두 갖고 있었다. 새로 겪는 일을 기억으로 만들지도 못했고, 과거의 일을 기억해내지도 못했다. 이 환자는 1분 전에 무슨 일이 있었는지, 20년 전에 무슨 일이 있었는지를 기억할 수 없었으므로, 그에게 시간이란 영원히 현재일 뿐이었다.

한마디로 시간 감각을 완전히 상실한 상태였다. 오늘 날짜도 몰랐으며, 생각해보라고 하면 어떤 때는 1942년이라고 했다가 어떤 때는 2013년이라고 하는 식으로 엉망이었다. 그러나 창가에 있을 때는 햇빛의 도움으로 시간은 그럭저럭 정확히 이야기했다. 하지만 시계와 햇빛이 없는 상태에서는 오전과 오후가 똑같았고, 낮과 밤도 마찬가지였다. 생체 시계는 전혀 도움이 되지 않았다. 이 환자는 자신의 나이도 몰랐다. 물론 추측은 했지만, 엉뚱한 답을 내놓을 때가 많았다.

그가 확실히 알고 있는 것은 두 가지, 자신이 결혼했으며 두 아이의 아버지라는 사실뿐이었다. 하지만 결혼을 언제 했는지는 전혀 몰랐다. 아이들이 태어난 것은 언제였을까? 몰랐다. 가족과의 삶에서 시간에 따른 자신의 역할을 전혀 알아낼 수가 없었다. 실제로 그가 결혼한 것은 맞지만 이혼한 지 20년이 넘은 상태였다. 자녀들도 이미 오래전에 결혼해 아이들까지 있었다.

사건이 일어난 시각 표시하기

특정 사건에 뇌가 어떻게 시간을 표시하고 여러 사건을 시간순으로 정리하는지(위 환자의 경우에는 왜 실패하는지)는 여전히 모른다. 알고 있는 것은 다만 사건에 대한 기억과, 그 사건의 시공간에 대한 기억이 서로 얽혀 있다는 사실뿐이다. 아이오와대학에 있을 때 동료 다니엘 트라넬(Daniel Tranel) 및 로버트 존스(Robert Jones)와 함께 개인의 경험이 어떤 식으로 시간순으로 정리되는

2-2

지에 대해 조사한 적이 있다. 다양한 종류의 기억력 감퇴를 겪는 환자들을 통해 기억을 시간 순서대로 머릿속에 저장하는 기능이 뇌의 어떤 부분에 의해 이루어지는지 알아내고자 했다.

총 20명의 대상자를 네 그룹으로 나눴다. 첫 번째 그룹은 측두엽 손상에 의한 기억상실증을 겪는 환자들, 두 번째 그룹은 기억과 관계되는 또 다른 부위인 전뇌(前腦) 기저핵에 손상을 입은 사람들이었다. 세 번째 그룹은 기억상실증이 없고 측두엽이나 전뇌 기저핵 이외의 부분에 손상을 입은 환자들로 이루어졌다. 그리고 비교를 위한 대조군으로, 신경과적 질병을 앓지 않고 기억력이 정상이면서 나이와 교육 수준이 대상 환자들과 유사한 사람들을 선택했다.

모든 피험자는 각자의 인생에서 핵심이 되는 중요한 사건들에 관한 상세한 설문을 받았다. 여기에는 부모, 형제, 친척, 학교, 친구, 직장 등에 관한 내용이 포함되어 있었다. 우리는 피험자들이 제출한 답변 내용을 그들의 친척과 기록을 통해 확인했다. 또한 피험자들이 기억하는 선거나 전쟁, 자연재해, 중요한 사회적 변화 같은 제반 사건들을 조사했다. 그러고 나서 1900년대 이후에 일어난 개인적·사회적 사건들을 피험자 개인에 맞춰 연대순으로 적은 카드를 나눠주었다. 피험자들로서는 자신의 지나간 인생을 기반으로 만들어진 보드게임을 하는 셈이었다. 이 실험으로 개인이 시간의 흐름을 파악할 때의 정확도를 측정할 수 있었다.

예측대로 기억상실증 환자들은 어려움을 겪었다. 대조군은 지나간 사건들을 시간순으로 떠올릴 때의 오차가 평균 1.9년 정도로 환자들에 비해 높은 정확도를 나타냈다. 기억상실증 환자들은 그 오차가 훨씬 컸고, 특히 전뇌 기저핵에 손상을 입은 환자들이 큰 오차를 보였다. 사건 자체는 정확히 기억해냈지만, 이들이 생각하는 사건이 일어난 시기는 실제와 평균 5.2년의 차이가 있었다. 그러나 사건 자체를 기억해내는 면에서는 측두엽 손상 환자에 비해 뛰어났다. 반면에 측두엽 손상 환자들은 사건이 일어난 시기를 평균 2.9년의 오차로 기억해내서 정확성은 오히려 높았다.

이 결과를 바탕으로 볼 때 특정 사건을 기억해내는 것과 사건이 일어난 시기를 기억하는 능력은 별개라고 할 수 있다. 더 흥미로운 점은 전뇌 기저핵이 사건을 시기순으로 정리하는 과정에 보다 밀접히 관련됐을 가능성이 있다는 것이다. 이 같은 추론은 전뇌 기저핵 손상 환자를 대상으로 한 임상 관찰 결과와도 일치한다. 전뇌 기저핵 손상 환자들은 측두엽 손상 환자들과 달리 새로운 사실을 배우는 데 어려움을 겪지 않는다. 하지만 방금 새로 배운 내용을 엉뚱한 시각에 있었던 일로 잘못 생각해내고, 지나간 사건들을 순서대로 엮을 때 종종 어려움을 겪는다.

의식의 속도

대부분 사람은 기억상실 증세를 보이는 환자들처럼 기억 속 사건들을 순서대로 연결하는 데 큰 어려움을 겪지 않는다. 그러나 1970년대에 캘리포니아대학 샌프란시스코캠퍼스의 신경생리학자 벤저민 리벳(Benjamin Libet)이 밝혀냈듯이, 인간에게는 시간 감각의 지연 현상이 있다. 리벳은 한 실험에서, 피험자가 자신의 손가락을 구부리는 결정을 인식하는 시각과 (또한 그것을 본인이 인지한 시각도) 손가락이 구부러졌다는 사실이 인지된 것이 뇌파에 나타나는 시각을 각각 기록했다. 뇌는 피험자가 손가락을 구부리겠다는 결정을 내리기 0.3초 전에 이미 동작하기 시작했다. 다른 실험에서는 의식이 있는 상태로 뇌 수술을 받고 있는 환자의 뇌에 직접 자극을 가하고 환자가 감지하는지를 보았다. 대뇌피질에 약한 전기를 띠게 하자, 환자는 자극이 가해지고 0.5초 후에 손이 따끔거리는 느낌을 받았다.

이런 실험을 비롯해 의식(意識)에 대한 여러 연구의 결과는 상당한 논란거리지만, 리벳의 실험이 확실히 보여주는 사실이 한 가지 있다. 신경이 동작하기 시작해서 뇌가 인지하기까지와, 그런 신경 움직임의 결과가 실제로 나타나기까지는 시간이 걸린다는 점이다.

아마도 당혹스러운 내용이겠지만, 이런 시간 지연이 나타나는 이유는 명백하다. 물리적 변화가 신체에 영향을 미치고 홍채 같은 감각 기관을 변화시키는 데는 시간이 걸린다. 그 결과로 발생한 전기화학적 신호가 뇌에 도달하는 데도 또 시간이 걸린다. 그리고 뇌의 감각 지도가 형태를 갖추는 데도 시간이 걸린다. 끝으로 이렇게 생성된 감각 지도 및 사건 이미지가 감각 지도 전체 및 자아 이미지와 결부되는 데도 시간이 걸린다. 여기서 말하는 자아 이미지란 말하자면 내가 누구인가 하는 개념인데, 이것은 인식의 최종적 단계이자 결정적 과정으로, 자아 이미지가 없다면 외부의 사건이 결코 인식될 수 없다.

여기서 말하는 시간 지연은 수천 분의 1초 단위이지만, 이것도 엄연히 지연이다. 아마 독자들은 인간이 왜 이 같은 시간 지연을 의식하지 못하는지 궁금할 것이다. 한 가지 그럴듯한 설명은, 인간의 뇌는 다 비슷비슷해서 아무도 그런 시간 지연을 인지하지 못한다는 것이다. 그러나 다른 이유도 분명히 있을 것이다. 아주 짧은 순간의 움직임을 들여다보면, 뇌가 행동에 앞서서 동작하기 때문에 이 과정에서의 시간 지연이 잘 드러나지 않고 동작마다 시간 지연의 정도가 다름에도 결과적으로는 비슷한 정도의 지연만 나타난다고 볼 수 있다.

리벳이 생각했던 이 해석은, 인간이 눈을 한 곳에서 다른 곳으로 재빠르게 움직일 때 시간과 공간이 연속적이라는 환상을 어떻게 유지하는지를 설명하는 데 도움이 된다. 사람이 눈을 재빨리 움직이면 보이는 장면이 흔들리고 시간도 걸리는데, 실상 사람은 이를 인지하지 못한다. 유니버시티칼리지런던의 패트릭 해가드(Patrick Haggard)와 존 로스웰(John C. Rothwell)의 설명에 따르면, 뇌가 대상을 0.12초 먼저 인지하기 때문에 결과적으로 시야에 들어오는 모습이 연속적이라고 느끼는 것이다.

눈이 받아들인 영상을 적절히 편집하고 뉴런이 이미 동작한 뒤에야 자유의지라는 감각을 제공하는 사실은 뇌가 시간에 대해 매우 정교하게 반응함을 보여준다. 정신적인 시간에 대해서는 아직까지 충분히 밝혀진 것이 없지만, 시간에 대한 감각이 경우에 따라 극심하게 변하는 이유와 시간적으로 사건을 정리하는 데 뇌가 동작하는 방식에 대해서는 조금씩 밝혀지고 있다.

시간 기억하기

뇌 손상을 입은 환자를 관찰한 연구에 따르면, 측두엽과 전뇌 기저핵의 구조가 사건이 언제 어떤 순서로 일어났는지를 인식하고 결정하는 데 중요한 역할을 하는 것으로 보인다.

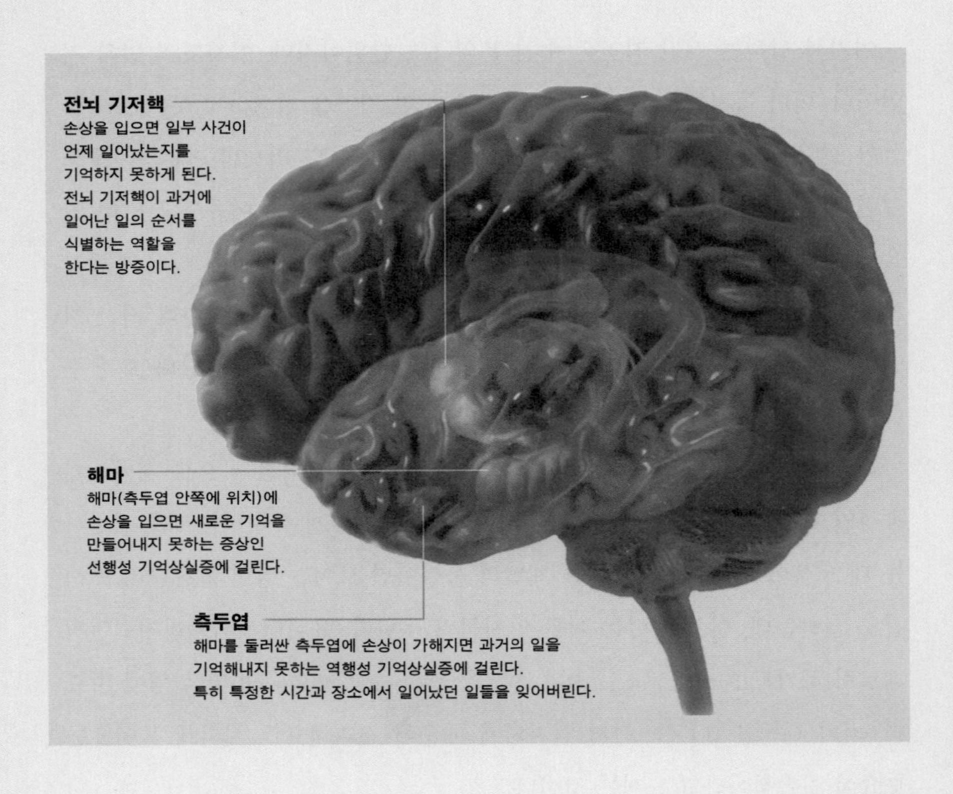

2-3 문화권과 시간관념

편집부

브라질에서는 약속 시간에 한 시간쯤 늦는다 해도 신경 쓰는 사람이 거의 없지만, 스위스에서 상대방을 5분이나 10분쯤 기다리게 했다면 약속에 늦은 이유를 구구절절 설명해야 한다. 시간에 대한 관념이 고무줄처럼 느슨한 문화권도 많지만, 팽팽하게 당겨진 밧줄처럼 깐깐한 곳도 있다. 시간을 바라보는 시각과 시간을 사용하는 방법은 해당 문화권의 사회적 우선순위와 세계관을 보여준다고 해도 과언이 아니다.

사회학자들은 다양한 국가에서 삶의 속도가 얼마나 다르게 나타나는지, 그리고 시간에 대한 각 사회의 통념이 어떠한지(시간을 미래라는 표적을 향해 날아가는 화살로 바라보는지, 아니면 과거와 현재와 미래가 그려진 끝없이 돌아가는 회전판으로 바라보는지)에 대해 상세히 관찰했다. 시간과 공간을 융합해 바라보는 문화권도 있다. 오스트레일리아 원주민인 애버리진(Aborigine)의 '드림타임(Dreamtime)' 개념에는 신화(神話)와 더불어 들판에서 길을 찾는 방법도 포함되어 있다. 하지만 흥미로운 점 중 하나는 (예컨대 더 유력한 사람이 지위가 낮은 사람을 기다리게 해도 된다는 식의) 시간에 대한 몇몇 인식은 어느 문화권에서나 공통적으로 발견된다는 사실이다.

시간과 사회라는 주제에 대한 연구는 실질적인 것과 철학적인 것으로 구분된다. 실질적 측면에서의 연구는 1950년대에 인류학자 에드워드 홀 주니어

2-3

(Edward T. Hall Jr.)가 사회적 시간 규칙이 해당 문화권의 '침묵의 언어'를 형성한다는 내용을 발표하면서 시작되었다. 그에 따르면 이 규칙이 항상 겉으로 드러나지는 않지만 "사회 전체에 깔려 있으며 (…) 친숙하고 편안한 동시에, 생소하면서 잘못된 것이기도 하다."

1955년 《사이언티픽 아메리칸》에 실린 그의 글은, 시간에 대한 인식의 차이가 다른 문화권에 속한 사람들 사이에서 어떤 오해를 불러일으키는지를 보여준다. "어떤 나라의 대사(大使)가 방문객을 한 시간 반이나 기다렸는데 상대방이 사과를 하는 둥 마는 둥 해도, 이것을 꼭 모욕으로 받아들일 필요는 없다"고 한다. "해당 국가의 시간 체계는 전혀 다른 기반에서 만들어진 것일 수도 있으므로 방문객 입장에선 우리 생각처럼 크게 시간을 어긴 것이 아닐 수도 있다. 그 나라의 시간 체계를 알아야 어느 시점에 사과를 해야 하는지도 알 수 있다. (…) 문화가 다르면 시간에 대한 가치도 다른 법이다."

이제는 전 세계 대부분의 문화권에서 시계와 달력을 쓰기 때문에 거의 모든 인류는 같은 시간의 흐름에 맞춰서 살아가고 있다. 하지만 그렇다고 해서 우리 모두가 같은 리듬에 발맞춰 나아간다는 의미는 아니다. 현대 생활의 속도가 너무 빠르다고 느껴서 '슬로푸드(slow food)' 같은 방법으로 자신의 속도를 찾으려는 사람도 있고, (미국과) 다른 사회에는 시간을 '관리'해야 한다는 사실에 그다지 신경 쓰지 않는 사람들도 있다.

프레즈노에 있는 캘리포니아주립대학의 사회심리학자인 로버트 레빈(Robert V. Levine)은 이렇게 표현했다. "시간을 연구한다는 것은 멋진 창을 통해서 그 문화를 들여다보는 것과 마찬가집니다. 해당 문화가 어떤 점에 가치를 두고 신봉하는지 알 수 있어요. 그 사람들에게 정말로 중요한 것이 무엇인지도요."

레빈의 연구팀은 31개국을 대상으로 이른바 삶의 속도에 관한 연구를 수행했다. 1997년에 출간된 《시간은 어떻게 인간을 지배하는가(Geography of Time)》에서는 대도시의 인도에서 걷는 속도, 우체국에서 통상적 업무를 처리하는 데 걸리는 시간, 공공장소에 설치된 시계의 정확성 등 세 가지 지표를 바탕으로 국가별 순위를 매겼다. 이 결과에 따르면 스위스, 아일랜드, 독일, 일본, 이탈리아가 가장 삶의 속도가 빠른 나라들로 나타났다. 반면에 가장 느린 나라는 시리아, 엘살바도르, 브라질, 인도네시아, 멕시코였다. 미국은 16위로 중위권에 위치했다.*

*믿어지지 않겠지만 우리나라는 보행 속도 20위, 우체국 업무 처리 속도 20위, 공공 시계 정확도 16위로 종합 18위였다.

퀸스칼리지의 인류학자인 케빈 버스(Kevin K. Birth)는 트리니다드토바고에서의 시간에 대한 사회적 인식을 연구했다. 1999년에 나온 그의 저서 《트리니다드토바고 타임 : 사회적 의미와 시간의 관념(Any Time Is Trinidad Time : Social Meanings and Temporal Consciousness)》에는 약속에 늦었을 때 흔히 쓰이는 변명에 대한 언급이 나온다. "저녁 6시에 약속이 있다면 사람들은 6시 45분이나 7시쯤 나타나 이렇게 말한다. '트리니다드토바고에서는 틀린 시간이라는 게 없소(Any time is Trinidad time).'" 하지만 사업과 관련된 일에서는 힘 있는 사람만 이처럼 제멋대로 시간을 쓴다. 상사가 늦게 나타나서 '트리니다드토바고에서는 틀린 시간이라는 게 없소'라고 말하는 것은 상관없지만, 부하 직원은 시간을 지켜야 한다. 부하 직원들에게는 '시간은 지키라고 있는 것(time is time)'일 뿐이다. 물론 버스는 권력과 상대방을 기다리게 하는 것은 다른 많은 문화권에서도 밀접한 관계가 있다고 지적했다.

이런 시간의 모호성은 인류학자와 사회심리학자를 곤란에 빠뜨린다. 버스의 이야기를 옮겨보자. "어떤 사회에서든 잘 알지도 못하는 사람에게 불쑥 다가가서 '당신이 생각하는 시간이란 무엇인지 말씀해주세요'라고 이야기할 수는 없는 노릇입니다. 그들 스스로도 잘 모르니까요. 뭔가 다른 방법을 써야 됩니다."

버스는 트리니다드토바고 사람들이 시간의 가치를 어떻게 받아들이는지 알아보기 위해 트리니다드토바고 사회가 시간 및 돈과 어떻게 연결되어 있는지를 살펴봤다. 조사 결과 농부들(태양의 움직임 같은 자연 변화에 의해 하루가 정해지는 사람들)은 위성 텔레비전도 가졌고 서구의 대중문화에도 친숙했지만 '시간은 돈이다'나 '시간을 계획적으로 써라', '시간 관리' 같은 격언은 모르고 있었다. 반면에 같은 지역에 거주하는 재단사들은 그런 격언을 알고 있었다. 버스는 급여 생활이 시간에 대한 관점을 바꾼다는 결론을 내렸다. "시간과 돈을 연결하는 개념은 전 세계적으로 어디서나 나타나는 게 아닙니다. 오히려 개인의 직업, 상대하는 사람들의 종류와 관련되어 있습니다."

사람들이 시간이란 무엇인가에 대해 어떤 관점을 갖는가와, 매일의 삶에서 시간을 어떻게 다루는가 사이에는 아무런 관계가 없다. 버스는 "한 문화권이 시간에 대해 갖는 이해와 실제 생활에서 사람들이 시간을 어떻게 받아들이는가 하는 문제 사이에는 커다란 괴리가 있습니다. 스티븐 호킹의 시간 이론이 우리의 일상생활에 영향을 미친다고 생각하지는 않는 것처럼요"라고 말했다.

과거, 현재, 미래를 명쾌하게 구분하지 않는 문화권도 있다. 오스트레일리아의 애버리진은 자신들의 조상이 드림타임 시기에 지상으로 기어 나왔다고 여긴다. 조상들이 다양한 자연 구성물의 명칭을 '노래하자' 각각이 실체를 갖게 되었으며, 지금도 애버리진이 이름을 '불러주지' 않으면 각각의 구성물은 존재할 수 없다는 것이다.

영국의 비평가이자 무슬림인 지아우딘 사르다르(Ziauddin Sardar)는 특히 와하비즘(Wahhabism)을* 신봉하는 근본주의자를 중심으로 이슬람 문화와 시간의 관계를 살펴보는 주제의 책을 펴냈다. 런던시티대학의 객원교수이자 잡지 《퓨처스(Futures)》의 편집장인 사르다르의 말을 들어보자. 무슬림은 "항상 과거와 함께합니다. 이슬람에서 시간이란 과거, 현재, 미래가 엮인 양탄자입니다. 과거가 곧 현재인 셈이죠." 사우디아라비아와 알카에다에는 와하비즘 추종자가 많은데, 이들은 선지자 무함마드의 이상적인 삶을 재현하고자 한다. "그들이 바라보는 미래는 아주 편협합니다. 과거의 특정한 관점을 근사하게 여기는 거죠. 그들에게는 과거를 재현하려는 생각밖에 없습니다."

*비이슬람 문화를 배격하며 원리주의적인 태도를 유지하는 극단적 근본주의.

사르다르는 서구가 세월이 흐를수록 삶이 윤택해진다는 기대를 퍼뜨림으로써 시간을 '식민지화'했다고 주장한다. "시간을 손에 넣는다는 건 미래를 손

2-3

에 넣는다는 것과 다름없습니다. 시간을 화살이라고 여긴다면 미래는 한 방향으로 나아가는 존재여야 합니다. 하지만 모든 사람이 똑같은 미래를 원하지는 않을 수도 있는 겁니다."

3

시간 측정 기술

3-1 시간 측정의 역사

윌리엄 앤드루스 William J. H. Andrews

시간을 파악하려는 노력은 인류의 역사 내내 과학과 기술 발전의 원동력이었다. 밤과 낮을 몇 구간으로 나눠야 할 필요성 때문에 고대 이집트와 그리스, 로마에서는 해시계와 물시계 같은 초보적인 시각 측정 도구를 만들어냈다. 서유럽에서는 이런 도구를 이후에도 계속 사용했는데 13세기에 이르자 좀 더 정확하고 믿을 만한 시계의 필요성이 대두되었고, 그 결과로 기계식 시계가 만들어졌다.

기계식 시계는 수도원이나 당시 도시 생활에서는 쓸 만했지만 과학적 용도로 쓰기에는 정확도가 형편없었다. 기계식 시계의 정밀도는 추시계가 개발된 뒤에야 획기적으로 높아졌다. 시계의 정확도가 높아지자 바다에서 선박의 위치를 계산할 수 있었고, 이어 시계는 산업혁명과 서구 문명의 발전에 핵심 역할을 담당하게 되었다.

오늘날 대부분의 전자 기기에는 고도로 정밀한 시간 측정 기능이 있다. 사실상 모든 컴퓨터는 내부에 장착된 쿼츠-크리스털 시계에 의해 작동한다. GPS 위성에서 지상으로 송신되는 신호에 포함된 시간 정보는 각종 위치 측정 기기가 정밀하게 작동하는 데뿐 아니라 휴대전화, 실시간 증권 거래 시스템, 국가 전력망 시스템에서도 핵심 역할을 한다. 오늘날의 일상이 시간 측정을 기반으로 하는 시스템에 얼마나 의존적인지는 이 시스템에 문제가 생기기 전까지 쉽게 알아채기 어려울 것이다.

날짜 세기

바빌로니아와 이집트를 비롯한 고대 문명에서는 5,000년 전부터 물품을 보내는 것 같은 공동체의 여러 활동과, 특히 농사에 이용할 목적으로 시간을 측정하고 달력을 만들었다는 고고학적 증거가 있다. 이들이 만든 달력은 지구의 자전에 의해 해가 뜨고 지는 현상을 바탕으로 한 태양일(太陽日, solar day), 달이 지구 주위를 공전하면서 나타나는 달의 모양 변화에 따른 태음월(太陰月, lunar month), 지구가 태양 주위를 공전하면서 나타나는 계절의 변화에 따른 태양년(太陽年, solar year)의 세 가지 주기적 자연현상을 근거로 했다.

인공조명이 발명되기 전까지 달이 사회에 미친 영향력은 지금은 생각하기 어려울 만큼 엄청났다. 특히 계절 변화가 거의 없는 적도 부근에서는 차고 기우는 달의 변화가 계절 변화보다 훨씬 뚜렷하므로, 저위도 지방에서는 태양의 움직임보다 달의 움직임이 달력에 훨씬 큰 영향을 미쳤다. 반면 계절 변화에 맞춰 농사를 지어야 했던 고위도 지방에서는 태양의 움직임이 훨씬 중요하게 여겨졌다. 로마제국이 북쪽으로 확장하면서 달력도 태양을 바탕으로 자리를 잡아갔다. 오늘날 사용되는 그레고리력은 바빌로니아, 이집트, 유대, 로마제국의 달력에 기원을 두고 있다.

이집트에서는 1년은 12개월, 1개월은 30일로 정하고 태양년의 날짜 수에 맞추기 위해 5일을 더했다. 그리고 각각의 별자리가 10일 간격으로 지평선에 떠오르도록 36개의 별자리를 정해 십분각(十分角, decans)이라고 부르며 이용했다.* 해마다 나일강 유역의 가장 중요한 사건인 홍수 시기에는 일출 직전에 시리우스(Sirius)가 떠오르고, 12개의 십분각 별자리가 보인다. 이런 특징 때문에 이집트인들은 밤의 길이를 12등분하게 된다(또한 이후에는 낮도). 밤과 낮의 길이를 12등분한 각각의 시간대를 '일상 시간(temporal hour)'이라고 불렀다. 계절에 따라 밤낮의 길이가 변하므로 여름 주간(晝間)의 한 시간은 길고, 겨울 주간의 한 시간은 짧았다. 춘분과 추분 때만 모든 한 시간의 길이가 같았다. 그리스와 (유럽 전역으로 확장한) 로마에서 사용되기 시작한 일상 시간은 이후 2,500년 가까이 사용되었다.

*이런 별자리는 지구 공전궤도에서 볼 때 10도씩 벌어져 위치해 있다.

번뜩이는 재능을 갖춘 사람들이 태양의 움직임에 따라 방향이 변하는 그림자를 이용해 낮 동안 일상 시간을 표시하는 기기인 해시계를 만들어냈다. 해가 없는 밤에는 물시계를 이용해 일상 시간을 측정했다. 최초의 물시계는 대야에 작은 구멍을 뚫어 물이 일정한 속도로 흘러내리도록 고안되었는데, 대야에 남아 있는 물의 높이가 시각을 알려줬다. 해시계와 물시계가 지중해 연안에서는 그럭저럭 쓸 만했지만, 흐린 날이 많고 겨울이면 물이 어는 북유럽 지역에서는 그렇지 못했다.

째깍거리는 시간

기록에 의하면 1283년 영국 베드퍼드셔의 던스터블 수도원에 설치된 시계는 최초의 기계식 시계로, 무게 추에 의해 작동했다. 시계를 발명하고 관련 기술을 개발하는 데 로마 가톨릭교회가 핵심 역할을 했다는 사실은 놀라울 것도 없다. 수도승들은 일정한 시각에 기도를 해야 했으므로 정확하고 믿을 만한 시간 측정 장비가 필요했다. 교회는 관련 교육을 주도했을 뿐 아니라, 시계 제작에 필요한 장인을 고용할 만한 재정적 능력도 있었다. 게다가 13세기 후반 유럽의 도시에서 상업에 종사하는 인구가 늘어난 것도 좀 더 정확한 시간 측정 기기의 수요를 증가시켰다. 1300년까지 시계의 주 수요처는 프랑스와 이탈리아의 교회와 성당들이었다. 초기의 시계는 (마을 사람들도 종소리를 듣고 일할 수 있도록) 매시간 종을 울렸고, 라틴어로 종을 뜻하는 'clocca'에서 'clock'이 유래되었다.

이 새로운 시각 측정 장치에서 놀라운 부분은 동력원으로 무게 추도 아니고 (이미 1,300년이나 된 기술인) 톱니바퀴도 아니라, 탈진기(脫進機, escapement)라는 구조를 이용했다는 점이다. 탈진기는 바퀴의 회전을 제어하고, 시계의 작동 속도를 유지하는 진동자(振動子)의 움직임에 필요한 힘을 전달한다. 하지만 탈진기의 발명자가 누구인지는 알려져 있지 않다.

한 시간은 언제나 한 시간

시기에 따라 길이가 변하는 일상 시간에 맞춰 기계식 시계의 속도를 조절하는 것이 불가능하지는 않지만, 모든 시간 간격을 일정하게 유지하는 편이 자연스럽게 마련이다. 그런데 하루를 같은 간격의 시간으로 나누면 언제를 기준으로 시각을 측정해야 하느냐의 문제가 생기고, 실제로 14세기 초반에는 여러 가지 방법이 있었다. 하루를 24등분하는 방법은 시작 시간에 따라 다양했다. 이탈리아에서는 해가 질 때부터, 바빌로니아에서는 해가 뜰 때부터, 천문학 분야에서는 정오부터, (독일 일부에서 공공 시계로 사용되던) '대형 시계(great clock)'는 자정부터 하루가 시작되었다. 이 밖에도 여러 방법이 있었지만, 최종적으로는 지금 우리가 사용하듯이 낮과 밤을 대략 12시간 단위로 나누고 자정에 하루가 시작되는 프랑스식의 '소형 시계(small clock)'로 통합되었다.

1580년대에도 분침과 초침이 달린 시계는 더 비쌌지만, 실제로 분과 초를 나타낼 정도의 정밀도는 1660년대에 진자시계가 발명되고 나서야 쓸 만한 수준에 이르렀다. 분과 초를 60진법으로 표현하는 방법은 바빌로니아의 천문학자들에게서 비롯되었다. '분(分, minute)'이라는 어휘의 기원은 '첫 번째로 중요한 부분'을 의미하는 라틴어 'prima minuta'이고, '초(秒, second)'는 '두 번째 부분'을 의미하는 라틴어 'secunda minuta'에서 유래했다. 서구에서 하루를 24시간, 한 시간을 60분으로 나누는 방식은 워낙 확고히 자리 잡아서 이를 변경하려는 모든 시도는 헛수고로 끝났다. 가장 눈에 띄는 시도는 프랑스 혁명이 일어난 뒤인 1790년대에 10진법을 도입한 혁명정부에 의한 것이었다. 미터와 리터 같은 다른 단위에는 10진법이 성공적으로 정착했지만, 하루를 10시간으로 나누고 한 시간을 100분, 1분을 100초로 나누는 시도는 단지 16개월간 지속되다가 끝났다.

휴대용 시계

기계식 시계가 발명되고 나서 몇 세기 동안은 시계탑의 종을 주기적으로 새로 갈아주는 것만으로도 대부분 사람들이 불편 없이 지낼 수 있었다. 그러나 15세기에 이르자 가정용 시계가 많이 만들어지기 시작했다. 시계를 구입할 만한 경제력이 있는 사람들은 자연스럽게 시계를 휴대하기를 원했다. 결국 태엽의 무게를 줄임으로써 시계의 크기가 혁신적으로 줄어들었다. 그런데 태엽의 장력(張力)은 감겨 있을 때 가장 크다. 이 문제는 이름이 알려지지 않은 어느 천재 발명가가 1400~1450년에 (회전축을 뜻하는 라틴어 'fusus'에서 따온) 퓨지(fusee)라는 기발한 장치를 만들어냄으로써 해결되었다. 이 장치는 원추 모양의 기구와 태엽이 들어 있는 통이 줄로 연결된 구조로 되어 있다. 태엽이 감기면 줄이 통에서 퓨지로 당겨지고, 퓨지 회전축의 직경이 작아지면서 태엽의 센 장력을 보상하는 구조다. 결과적으로 퓨지에 의해 태엽의 일정하지 않은 장력이 보상되어 시계 톱니바퀴가 태엽이 얼마나 감겨져 있는지에 관계없이 일정한 속도로 회전할 수 있었다.

퓨지의 중요성은 엄청나다. 퓨지 덕택에 시계의 크기가 들고 다닐 수 있을 정도로 줄어들었고, 결과적으로 회중시계가 개발되었다. 항해용 시계처럼 태엽을 이용하는 고정밀 시계들은 2차 세계대전이 끝난 뒤까지도 퓨지를 이용한 구조를 채용했다.

3-1

혁신적 발전

16세기 덴마크의 천문학자 튀코 브라헤(Tycho Brahe)를 비롯한 많은 사람들이 과학적 용도에 시계를 이용하려고 시도했지만, 시계의 정확도는 여전히 충분치 못했다. 특히 별의 움직임을 기록하고 정확한 성좌도(星座圖)를 그리려면 성능 좋은 시계가 필수적이었다. 시계의 정확성은 진자(振子, pendulum)가 발견되면서 획기적으로 향상되었다. 이탈리아의 물리학자이자 천문학자인 갈릴레이를 비롯해 여러 사람들이 진자를 연구했는데, 최초의 진자시계는 네덜란드의 천문학자이자 수학자인 27세의 크리스티안 하위헌스(Christiaan Huygens)가 1656년 크리스마스에 만들어냈다. 하위헌스는 자신의 발명품이 과학적으로는 물론 상업적으로도 엄청난 가치가 있다는 것을 알았다. 6개월이 채 못 되어 헤이그의 시계업자가 그에게서 진자시계를 제조하는 허가를 얻어냈다.

하위헌스는 짧은 진자가 긴 진자보다 더 빠르게 움직인다는 사실을 발견했다. 그래서 진자의 길이가 변하면 시계가 빨라지거나 느려졌다. 추가 항상 일정하게 좌우로 움직이는 것은 불가능했으므로, 하위헌스는 시계추가 원운동이 아니라 사이클로이드(cycloid)에* 가까운 형태로 흔들리는 구조를 고안해냈다. 이렇게 하면 이론적으로 시계추는 좌우 진폭에 관계없이 진동에 항상 일정한 시간이 걸린다. 추시계는 스프링 기계식 시계보다 대략 100배 정도 정확해서, 이전에는 오차가 하루에 앞뒤로 15분 정도이던 것이 일주

*바퀴가 구를 때 바퀴의 한 점이 움직이는 자취를 연결한 곡선.

일에 1분 정도로 줄어들었다. 새로운 시계가 발명되었다는 소식은 빠르게 퍼져 나갔고, 1660년에 이르자 영국과 프랑스 곳곳에서도 유사한 구조의 시계가 만들어졌다.

추시계의 출현으로 시계 수요가 급증했을 뿐 아니라 시계가 가구로서도 자리 잡게 되었다. 나라마다 다른 형태의 시계가 만들어졌다. 영국에서는 시계 케이스가 시계의 내부 구조물을 깔끔하게 둘러싸는 형태가 일반적이었지만, 이와 대조적으로 프랑스에서는 케이스의 형태가 다양하고 장식도 많았다. 그러나 하위헌스는 이런 유행에 무관심했고, 시계의 성능을 개량해 천문학적으로 사용하고 항해 중 경도(徑道)를 측정할 수 있는 수준으로 정확도를 높이는 데 노력을 집중했다.

하위헌스는 1675년 나선형 밸런스 스프링(spiral balance spring)이라는* 구조를 개발해 중요한 진전을 이루었다. 추시계에서 추의 진동이 중력에 의해 이루어지듯, 회중시계에서는 밸런스 스프링이 탈진 톱니바퀴가 일정한 속도로 회전하도록 만들어준다. 밸런스 스프링은 회전 방향을 바꿔가며 일정하게 회전하는 정밀 부품이다. 이 부품의 발명으로 휴대용 시계의 정밀도는 크게 높아져 하루 오차가 1분 이내로 줄어들었다. 휴대용 시계 시장이 폭발적으로 증가하면서 이제 사람들은 시계를 목에 거는 대신 주머니에 넣고 다닐 수 있게 되었다. 또한 시간을 맞추는 데 쓰기 위한 휴대용 해시계의 수요도 함께 늘어났다.

* 헤어스프링(hairspring)이라고도 한다.

3-1

거의 비슷한 시기에 영국의 새로운 발명 소식이 하위헌스의 귀에 들어왔다. 그가 추시계에 이용하던 막대형 탈진기(verge escapement)와는 달리 닻 모양 탈진기(anchor escapement)를 쓰면 추가 조금만 흔들려도 되었기에 굳이 사이클로이드 형태의 궤적을 가질 필요가 없었다. 게다가 이 탈진기를 쓰면 시계추가 길어지고 추의 진동이 느려져서* 시계 케이스의 형태도 변화하게 되었다. 1876년 이후 (미국의 헨리 클레이 워크Henry Clay Work의 노래에서 유래해) 할아버지 시계라고 불리는 기다란 형태의 추시계는 영국을 대표하는 스타일로 자리 잡았다. 기다란 시계추와 닻 모양 탈진기 구조를 갖춘 시계의 오차는 일주일에 몇 초 이내였다. 영국의 유명한 시계 제조업자인 토머스 톰피언(Thomas Tompion)과 그의 후계자 조지 그레이엄(George Graham)은 이후 닻 모양 탈진기를 개량해 리코일(recoil) 동작을 제거한 제품을 만들어냈다.** 개선된 구조인 지속형(deadbeat) 탈진기는 이후 150년간 정밀 시계에 광범위하게 사용되었다.

*막대형 탈진기를 쓰면 추가 좌우로 100도 정도의 폭으로 빠르게 흔들린다. 반면 닻 모양 탈진기를 쓰면 추가 좌우로 6도 정도, 1초에 한 번 정도만 진동한다.

**리코일은 탈진 바퀴가 한 칸 움직일 때마다 순간적으로 약간 반대 방향으로 회전해서 시계의 정확도와 내구성에 문제를 일으키는 동작이다.

경도 측정과 시계

1675년 그리니치에 왕립 천문대가 설립되었을 때, 천문대의 목표 중 하나는 '임의의 위치에서 경도를 알아내는 방법'을 찾는 것이었다. 초대 영국 왕실 천

*왕실 천문학자는 그리니치 천문대 설립 때부터 1972년까지 천문대장을 겸직했다.

문학자(Astronomer Royal)인* 존 플램스티드(John Flamsteed)는 닻 모양의 지속형 탈진기가 장착된 시계를 이용해 별이 자오선(子午線, meridian)을 지나는 시각을 측정했다. 자오선은 지상의 남쪽에서 천정(天頂, zenith)을 지나 북쪽으로 연결되는 가상의 선이다. 덕분에 그때까지 육분의(六分儀, sextant)나 사분의(四分儀, quadrant)만을 이용하던 것에 비해 별의 움직임에 대한 정보를 더 정확히 얻을 수 있었다.

항해 중인 선박의 위도는 태양이나 북극성의 고도를 측정하면 손쉽게 알 수 있지만, 경도는 이처럼 즉시 알아낼 방법이 없다. 또한 종종 폭풍이나 해류 때문에 목적지까지의 거리나 방향을 알아내기 어려운 상황도 발생했다. 이런 항법 오차는 해양과 밀접히 관련된 국가에게 항해 기간의 연장뿐 아니라 인명과 선박, 화물의 손실 같은 커다란 경제적 부담으로 다가왔다.

해군 군함 네 척이 영국 남서쪽의 실리제도 부근에서 난파하며 함대 사령관을 비롯해 1,600명이 사망하자, 1707년 영국 정부는 문제의 심각성을 깨달았다. 그리고 1714년 의회는 해상에서 경도를 알아내는 방법을 찾아내는 데 포상금을 지급하는 법을 제정했다. 지상에 설치된 장비로 정확한 경도를 측정할 수 있는 서인도제도까지 항해한 뒤에 경도를 0.5도 또는 30해리 이내의 오차로 찾아내는 기기를 만들어내면 (당시 숙련공 연봉의 약 200배에 이르는) 2만 파운드의 포상금을 받을 수 있었다.

상금 규모가 워낙 컸기 때문에 온갖 사기꾼들이 몰려들었다. 그래서 기술

심사를 맡은 경도위원회는 20년이 넘도록 한 번도 회의를 열지 않을 지경이었다. 그러나 두 가지 방법이 이론적으로 타당성이 있다는 것은 오래전부터 알려져 있었다. 첫 번째는 달을 이용하는 방법(lunar distance method)으로, 천구상에서 특정 별에 대한 달의 정확한 위치를 구해 경도를 알고 있는 기준점의 시간을 알아내는 것이다. 두 번째 방법은 정확한 시계가 있어야 했다. 지구가 24시간에 한 번씩, 즉 한 시간에 15도씩 자전하므로, 경도가 30도 차이 나면 두 시간의 시차가 발생한다. 그러나 바다에서 정확한 시간을 계속 측정하는 데는 (배의 급격한 움직임, 커다란 온도 변화, 경도에 따른 중력의 차이 등) 난관이 많았기 때문에, 뉴턴을 비롯한 대부분의 영국 물리학자들은 달의 위치를 기반으로 하는 방법이 문제가 많기는 해도 실질적으로 유일한 방법이라고 생각했다.

그러나 뉴턴이 틀렸다. 1737년 처음으로 위원회가 열리고, (가장 어이없는 제안자로 보이는) 존 해리슨(John Harrison)이라는 요크셔에서 온 목수의 제안을 심사했다. 그가 만든 거대하고 무거운 경도 측정기는 포르투갈 리스본까지 갔다 오는 왕복 항해에 사용되었는데, 경도 오차가 109킬로미터에 불과했다. 그러나 해리슨은 이에 만족하지 않았다. 위원회에게 서인도제도까지의 항해 시험을 제안하는 대신 개선된 시제품을 만들 수 있도록 재정 지원을 요청했고, 이것이 받아들여졌다.

2년이 지난 뒤에도 해리슨은 여전히 만족스럽지 않은 상태였고, 19년째 개발에 매달리게 될 세 번째 시제품 제작에 착수했다. 그런데 시험을 준비하던 중, 함께 개발하고 있던 네 번째 시제품 항해용 시계(지름 약 13센티미터의 시계)의 성능이 더 좋다는 것을 알게 되었다. 이 커다란 시계는 1761년 자메이카로 가는 항해를 통해 상금을 타기에 충분한 성능을 갖췄다는 것이 입증됐지만, 위원회는 더 자세한 성능 입증을 요구하며 상금 지급을 보류했다. 1764년의 두 번째 해상 실험에서 비로소 그의 시도가 성공했음이 인정되었다. 그럼에도 위원회는 마지못해 1만 파운드만 지급했다. 1773년 조지 3세가 개입하고 나서야 나머지 상금이 지급되었다.* 해리슨의 업적에 힘입어 추가적인 개량이 이어졌다. 1790년에 이르자 항해용 정밀 시계는 더 이상 개선이 필요 없을 정도의 성능을 갖추었다.

*이때 해리슨은 80세였으며, 의회는 여전히 전액을 다 지급하지 않고 8,750파운드만 지급했다. 게다가 그가 받은 돈은 공식적으로 상금이 아니었고, 상금은 아무에게도 지급되지 않았다.

대량 생산되는 시계

19세기에 접어들면서 거치용 시계와 휴대용 시계의 정밀도는 충분히 높아졌으나 가격은 여전히 높았다. 미국 코네티컷 주 워터베리의 투자자 두 사람이 저가용 시계의 시장성을 내다보고 움직이기 시작했다. 이들은 1807년 플리머스 부근에 살던 시계 제조업자 엘리 테리(Eli Terry)와 3년간 목제 무브먼트 추시계 4,000대를 제작한다는 계약을 맺었다. 착수금을 받은 테리는 첫해 동안 대량생산을 위한 기계 설비를 갖추는 데 전력했다. 부품 교체가 용이하도록 시계를 설계함으로써 계약한 수량 모두를 약속한 시간 안에 생산할 수 있었다.

3-1

몇 년 뒤 테리는 동일한 대량생산 기법으로 목제 무브먼트가 들어 있으면서 선반에 놓을 수 있는 크기의 시계를 만들었다. 소비자가 별도의 케이스를 구입해야 하는 기다란 형태의 추시계와 달리 선반용 시계는 그야말로 완제품이었다. 고객은 시계를 선반에 올려놓고 태엽만 감으면 되었다. 상당히 현실적인 수준의 15달러라는 가격표 덕택에 이제 많은 중산층이 시계를 구입할 수 있었고, 코네티컷 주는 시계 산업의 중심지로 떠올랐다.

19세기에 철도가 확산되기 이전까지 미국과 유럽의 마을에서는 태양에 의존해 시간을 파악했다. 예를 들어 보스턴의 정오는 매사추세츠 주 우스터에 비해 3분 빠른데, 철도를 운행하려면 모든 기차역에서 같은 시간 기준을 사용해야 했다. 각지에 위치한 천문 관측소가 정확한 시각을 철도 회사에 전신으로 알려주기 시작했다. 1851년에 최초로 등장한 시각 제공 서비스는 매사추세츠 주 케임브리지에 위치한 하버드대학 천문대에 설치된 시계와 유선으로 연결된 것이었다. 그리니치천문대도 이듬해부터 동일한 서비스를 제공하기 시작했고, 비로소 영국은 전국에서 동일한 시간 기준을 사용하게 되었다.

미국은 1883년 전국을 네 개의 시간대로 나누었다. 그다음 해에 세계 각국은 항해와 무역을 위해 세계적으로 통일된 시간을 쓰는 것이 이롭다는 점을 깨달았다. 1884년 워싱턴에서 열린 국제자오선회의에서 전 세계를 24개의 시간대로 나누기로 결정했다. 참석자들은 그리니치천문대를 지나는 자오선을 본초자오선으로 삼아 경도 0도로 정했는데, 전 세계 무역의 3분의 1을 담당하는 항해에 이미 그리니치시가 이용되고 있기 때문이기도 했다.

대중을 위한 시계

이 시기의 많은 시계 제조사들은 생산 비용만 줄일 수 있다면 휴대용 시계 시장이 거치용 시계 시장을 압도할 것이라는 점을 알고 있었다. 그러나 거치용 시계보다 크기가 훨씬 작은 휴대용 시계 부품을 교환 가능하도록 대량으로 만들어내는 것은 매우 어려운 일이었다. 18세기 후반부터 유럽에서 대량생산 기술이 발전하고 있긴 했지만, 시장이 포화에 이르고 종업원의 일자리가 위협받을지도 모른다는 우려 때문에 유럽의 대부분 시계 제조사들은 교체 가능한 시계 부품 생산용 설비의 도입을 망설였다.

미국의 시계 제조사들은 1840년대에 시장을 지배하던 유럽의 시계 제조사와 경쟁할 만한 수준이 아니었지만, 메인 주의 애런 데니슨(Aaron L. Dennison)이라는 제조업자는 매사추세츠 주 록스베리에서 시계와 저울 사업을 성공적으로 꾸려나가던 에드워드 하워드(Edward Howard)를 만나 휴대용 시계의 대량생산에 관해 논의했다. 하워드는 데니슨에게 계획을 추진할 설비를 개발하는 데 필요한 공간을 제공해주기로 했다. 1852년 가을, 데니슨의 감독 아래 휴대용 시계 20개가 만들어졌다. 이듬해 봄까지 100개가 더 만들어졌고, 1년 뒤에는 1,000개가 추가로 생산되었다. 이미 록스베리의 생산 설비로는 부족한 상태였으므로, 보스턴워치컴퍼니(Boston Watch Company)로 이름 붙인 이 회사는 매사추세츠 주 월섬으로 장소를 옮겨 1854년 말까지 매주 36개의 시계를 생산해냈다.

회사는 아메리칸월섬워치컴퍼니(American Waltham Watch Company)로 이

름을 바꾸었는데, 북군이 군용으로 이 회사 시계를 사용하면서 남북전쟁 기간 동안 폭증한 시계 수요의 덕을 톡톡히 보았다. 개선된 생산 기술을 적용해 생산량은 늘었고, 가격은 현저히 떨어졌다. 이제 다른 미국 회사들도 시계 사업에 뛰어들 기회를 엿보기 시작했다. 이전까지 시계 산업을 지배하던 스위스는 1870년대에 시계 수출이 급락하자 위기를 느끼기 시작했다. 스위스에서 미국으로 파견한 시장조사단은 월섬 공장의 생산성이 더 높을 뿐 아니라 생산 비용도 낮다는 것을 알게 되었다. 미국산 저가 시계들조차 사용하는 데 문제가 없는 수준의 성능을 갖추고 있었다. 시계는 이제 대중이 사용하는 일상 용품이 된 것이었다.

19세기 여성들이 팔찌 시계를 착용하면서 손목시계는 오랫동안 여성용으로 치부되었다. 그러나 1차 세계대전 기간 동안 회중시계를 변형해 손목에 찰 수 있도록 만듦으로써 전투 중에 좀 더 쉽게 시간을 확인할 수 있게 되었다. 전쟁이 끝나자 손목시계는 대대적인 광고 덕에 남성 용품의 지위를 얻게 되었다. 자동으로 태엽이 감기는 기계식 손목시계가 등장한 것은 1920년대의 일이다.

높은 정확도의 시계

19세기 말 독일 뮌헨의 지그문트 리플러(Sigmund Riefler)가 (정확도가 아주 높아 다른 시계의 시각 표준이 될 수 있는) 혁신적 구조의 시계를 고안해냈다. 이 시계는 기압의 영향을 최소화하기 위해 반(半)진공 상태의 케이스 안에 들어 있고 온도 변화에 거의 영향을 받지 않는 진자가 달려 있었으며, 하루 오차가 0.1초에 불과해 거의 모든 천문대에서 사용되었다.

몇십 년이 흐른 뒤, 영국의 철도 기술자인 윌리엄 쇼트(William H. Shortt)가 자유 진자시계라고 불리는, 오차가 1년에 1초 이내에 불과한 시계를 개발했다. 이 장치에는 두 대의 진자시계가 들어 있는데, '주(主) 시계'는 진공 탱크 안에 들어 있으며 '부(副) 시계'에 시각 표시 기능이 달려 있다. 30초마다 부 시계에서 전자기 신호가 발생하고 주 시계의 진자에 의해 오차가 수정되므로 외부의 물리적 영향에서 거의 자유로운 구조였다.

1920년대에 천문대에서 쇼트의 시계가 리플러의 시계를 대치하기 시작했지만, 이것도 그리 오래가지 못했다. 1928년 뉴욕의 벨연구소에 근무하던 기술자 워런 매리슨(Warren A. Marrison)이 엄청나게 균일하고 안정적인 주파수원을 찾아냄에 따라, 고정확도의 시간 측정 장치라는 관점에서 272년 전 진자를 시계에 이용하기 시작한 것 못지않게 혁명적인 발견이 이루어졌다. 원래 라디오방송용으로 개발된 석영 진동판(quartz crystal)은 전류가 공급되면 매우 일정한 속도로 진동한다. 1939년 그리니치천문대에 설치된 최초의 쿼츠 시계는 오차가 불과 하루에 2,000분의 1초였다. 2차 세계대전이 끝날 무렵에는 정확도가 더욱 개선되어 30년에 1초 수준이었다.

그러나 쿼츠 기술 역시 최고의 정밀도를 가진 시계 기술이라는 지위를 오래 유지하지 못했다. 1948년 워싱턴 국립표준원의 해럴드 라이언스(Harold Lyons)를 비롯한 연구원들이 이보다 훨씬 정밀하고 안정적인 시간 측정 장비인 원자시계의 토대를 닦았다. 원자는 두 가지 에너지 상태를 반복하는데, 이를 고유 진동 주파수(natural resonant frequency)라고 한다. 1950년대에 미국과 영국에서 실험이 이어졌고, 세슘원자시계가 만들어지기에 이르렀다. 오늘날에는 세계 곳곳에 설치된 세슘시계의 측정값을 평균해 전 세계에서 표준시각으로 사용하는 협정세계시(協定世界時, Universal Time Coordinated, UTC)가 있으며, 그 오차는 하루에 10억 분의 1초 이내이다.

20세기 중반까지는 멀리 떨어진 항성을 기준으로 지구의 자전을 측정하는 항성일(恒星日, sidereal day)을 이용해 표준시를 결정했다. 이미 18세기 후반부터 지구의 자전이 완벽히 일정하지 않을지도 모른다는 의견이 있었지만, 여전히 사용되는 방식이었다. 세슘원자시계가 만들어지자 지구 자전의 불균일성을 측정할 수 있게 되면서 기준을 바꿀 필요가 분명해졌다. 1초는 세슘 원자의 진동 주파수를 기준으로 새롭게 정의되었고, 1967년에 정식으로 채택되었다.

시간을 정확히 측정하는 일은 과학과 기술에서 근본적인 중요성을 갖기 때문에 보다 개선된 기술이 지속적으로 연구되고 있다. 지난 50년간 원자시계의 성능은 대략 10년에 열 배의 비율로 향상되었다. 그러나 지난 10년의 발전은 특히 놀랍다. 최근 레이저(특히 노벨상을 받은 1,000조 분의 1초 레이저 빛)와 원자물리학 분야의 발전 덕분에 여러 가지 새로운 형태의 광학 원자시계가 개발되었다. 전자기 덫에 갇힌 한 개의 이온을 이용하는 방식도 있고, 레이저 광선으로 형성된 사다리 안에 들어 있는 기저 상태의 중성 원자를 이용하는 방법도 있다. 이런 원자시계 중 몇몇은 이미 하루에 수십조 분의 1초 이내의 오차를 보이며 지속적으로 성능이 개선되고 있다.

이 정도 수준의 정확도에서는 이전에는 문제가 되지 않던 현상도 크게 드러나거나 중요해진다. 예를 들어 현재 최고 수준의 원자시계를 이용하면 한 계단 정도의 높이만 차이가 나도 중력이 다르게 측정되고, 심장이나 뇌의 활동에 의해 형성되는 자기장이나 온도, 가속도 등도 측정이 가능하다. 현재 여러 회사에서 동전 4분의 1 크기의 원자시계를 개발하고 있다. 보다 개선된 정확도로 시간을 측정하는 것에 더해, 새로운 세대의 원자시계는 무궁무진한 용도에 사용될 테고 크기도 더 작아져 휴대가 가능한 수준에 이를 것이다.

시간 측정 기술은 분명 계속 발전될 테지만, 그럼에도 시간이 언제나 부족하리라는 점은 여전히 변함없을 것이다.

3-2 궁극의 시계

웨이트 깁스 W. Wayt Gibbs

2002년 5월의 어느 안개 자욱한 날, 전 세계에서 최고를 다투는 시계 제조사들이 자신들의 최신 제품을 선보이기 위해 뉴올리언스에 모였다. 그러나 이들 가운데 전통적인 시계 장인은 찾아볼 수 없었다. 이들은 톱니바퀴나 탈진기 같은 용어 대신 스펙트럼이나 양자 준위(準位) 같은 어휘로 가득한 대화를 나누는 과학자들이었다. 오늘날 최고 정밀도의 시계를 만들고 싶다면 물리학과 공학의 다양한 최첨단 기술을 모두 이해하고 있어야 한다. 1,000조 분의 1초라는 짧은 시간만 빛을 내는 레이저를 조작하고, 절대온도보다 불과 수백만 분의 1도 정도 높은 온도를 유지하는 보관실에 원자를 가두기도 한다. 빛과 마그네슘으로 이온을 가두거나, 전자의 회전을 조작하기도 한다.

기술의 급속한 발전으로 최근 30년간 초고정밀 시계 기술은 놀라운 속도로 변화하고 있다. 오늘날 시미트리콤(Symmetricom) 사가 약 5만 달러에 판매하는 세슘원자시계의 오차는 한 달에 100만 분의 1초 정도이고, 주파수정확도(주파수 편차의 정도)는 5×10^{-13}(0.0000000000005)에 불과하다. 미국 표준시를 결정하는 세슘원자시계는 1999년 콜로라도 주 볼더에 있는 미국 국립표준기술연구소(National Institute of Standards and Technology, NIST)에 설치되어 있는데, 이 시계의 주파수안정도는 5×10^{-16}에 이른다. 이 정도 정확도는 1975년 NIST에 설치되어 있던 시계보다 1,000배나 높은 것이다. 최근에 제작된 (세슘 대신 알루미늄이나 수은 이온을 이용한) 시제품은 정확도가 10^{-18}에 이르며, 10년 만에 정확도가 100배나 높아진 셈이다.

사실 정확도(accuracy)라는 표현은 적당치 않다. 1초는 1967년 국제적으로 "바닥상태에 있는 세슘-133 원자가 두 개의 초미세 준위 사이를 전이할 때 발생하는 전자기파 복사의 9,192,631,770주기 동안 걸리는 시간"으로 정의된 바 있다. 이 말의 의미는 잠시 잊자. 핵심은 1초를 측정하려면 세슘이 있어야 한다는 것이다. 그런데 지금 최고의 정확도를 보여주는 시계에는 세슘이 없다. 엄밀히 말해 이 시계들은 1초를 측정하는 것이 아니라는 뜻이다. 여기에 시계 제조사들의 고민이 있다.

앞으로는 더 큰 문제도 있다. 아인슈타인이 이론을 세우고 이후의 실험에서 입증되었듯이, 시간은 절대적 존재가 아니다. 중력이 강해지거나 시계가 관측자에 대해 빠른 속도로 움직이면(전자의 자전축 방향이 바뀌거나 궤도가 바뀔 때 방출되는 광자 한 개조차) 어떤 시계든 느려진다. 과학자들은 초고정밀 시계를 우주정거장에 설치해 상대성 이론을 검증하는 실험을 시도하고 있다. 지금까지 만들어진 시계의 정확도는 10^{-18}(우주의 역사 동안 오차가 0.5초 이내)으로, 과학자들은 상대성 효과의 시험대에 오른 것이나 다름없다. 이런 정확도로 전 세계의 시계를 동기시키는 방법은 존재하지 않는다.

끝없이 추구되는 정확성

그렇다면 무엇 때문에 원자시계의 성능을 개선할까? 1초의 길이는 이미 다른 모든 단위보다 1,000배는 정확한 수준인 소수점 아래 14자리에 이르는 정확도로 측정할 수 있다. 시계의 성능을 개선하려는 한 가지 이유는 1초라는 단위의 중요성이 점점 커지고 있기 때문이다. 나머지 여섯 가지 기본 단위 중 세 가지, 즉 미터(m), 루멘(lm), 암페어(A)는 초(秒, s) 단위를 기반으로 정의되어 있다. 킬로그램(kg)과 몰(mol)도 머지않아 그렇게 될 것이다. NIST의 리처드 스타이너(Richard L. Steiner)에 의하면 이렇다. "킬로그램이 새롭게 정의되는 건 시간문제일 뿐입니다." 유명한 $E=mc^2$ 공식을 이용하면, 질량 단위를 에너지(주파수의 합이 특정한 값이 되는 광자의 집합)로 변환할 수 있다. 시계의 성능이 향상되면 시간만 정확히 측정할 수 있는 것이 아니다.

초고정밀 시계가 더욱 소형화되면 GPS나 유럽의 갈릴레오 같은 위성 항법 시스템의 성능과 신뢰성을 향상하는 데도 효과적이다. 미국항공우주국(National Aeronautics and Space Administration, NASA)은 위성을 더욱 정확히 추적할 수 있을 테고, 통신망과 전력망의 유지도 더욱 손쉬워진다. 또한 지진이나 핵실험으로 인한 진동의 측정도 보다 정확해진다. 우주 망원경들을 연결하는 데 쓰이면 놀랍도록 선명한 화상을 얻을 수 있다. 저가의 반도체 칩 크기의 원자시계가 가져올 응용 사례는 무궁무진하다.

고정확도의 시간 측정 기술이 갑자기 주목받는 이유를 이해하려면 원자시계의 원리를 살펴볼 필요가 있다. 이론적으로는 원자시계도 내부에서 무엇인가가 주기적으로 움직이고, 그것을 세어 시간을 측정한다는 면에서 여느 시계와 마찬가지다. 세슘원자시계에서 주기적으로 움직이는 것은 기계식 시계의 추처럼 기계적이지도, 쿼츠 시계처럼 전자-기계적이지도 않다. 이 움직임은 양자역학적이다. 즉 광양자 한 개가 세슘 원자의 가장 바깥쪽에 있던 전자에 흡수되면서 전자가 만들어내는 자기장의 방향을 순간적으로 바꾸는(회전 방향이 바뀌는) 것이다.

시계추나 석영 진동자는 엄밀히 따질 때 시계마다 다르지만, 모든 세슘 원자는 동일하다. 세슘 원자는 1초에 정확히 9,192,631,770회 진동하는 마이크로파에 노출되면 가장 바깥쪽 전자의 회전 방향이 반대가 된다. 1초를 측정하려면, 마이크로파 발생기의 주파수가 세슘 원자들이 가장 잘 반응하는 주파수와 같아지도록 조절한다. 세슘 원자의 반응이 가장 크게 나타날 때 마이크로파 발생기의 주파수를 세면 시간을 측정하는 셈이다.

물론 실제 양자역학의 세계에서 이렇게 단순하게 이루어지는 일은 없다. 하이젠베르크의 불확정성 원리가 작용하므로, 광자 한 개의 움직임을 관측하는 데는 한계가 있다. 현재 만들어낼 수 있는 최고의 주파수 발진기는 불확정성 원리에 의한 제약에도 불구하고 측정마다 약 1헤르츠(Hz)의 범위 안에서 앞뒤로 0.001헤르츠 오차로 세슘이 반응하는 정확한 주파수를 찾아낸다. “한 번에 100만 개 이상의 원자를 관찰하기 때문에 가능한 겁니다”라고 뉴올리언스에 있는 펜실베이니아주립대학의 물리학자 커트 기블(Kurt Gibble)이 설명하며 말을 이었다. “사실상 한 번의 측정이 아니기 때문에 양자역학 원리에 위배되지 않는 거죠.”

하지만 이 방법은 다른 문제를 야기한다. 실온에서 세슘은 부드러운 은빛의 금속이다. (수분과 맹렬히 반응하므로 실제로는 손도 대고 싶지 않겠지만) 손 위에 놓으면 마치 물이 고인 것처럼 될 것이다. 세슘원자시계 내부에는 세슘이 증기 상태가 되도록 가열하는 장치가 들어 있다. 가열된 입자는 마이크로파 도파관(導波管)을 빠르고 다양한 속도와 각도로 통과한다. 어떤 입자는 속도가 엄청나게 빨라서 마치 시간이 느려진 것처럼 움직인다. 도플러 효과 때문에 어떤 입자들에게는 마이크로파의 주파수가 실제보다 높거나 낮게 보이게 된다. 원자들의 움직임이 똑같지 않으므로, 원자의 반응은 이전보다 덜 두드러지는 결과가 된다.

하이젠베르크 박사였다면 아마도 원자의 속도를 낮추라고 했을 테고, 실제로 시계 제조사들은 그렇게 한다. (미국 해군성천문대Naval Observatory와 NIST, 프랑스 파리, 영국 테딩턴, 독일 브라운슈바이크에 있는) 세계 최고의 시계들은 아주 낮은 온도로 냉각된 세슘 원자를 마이크로파를 이용해 통 속에서 위로 쏘아 올린다.* 뜨거운 세슘 가스를 응축시키기 위해 교차하는 여섯 개의 레이저 광선이 원자를 감속시켜 온도가 0.000002켈빈(K) 이하가 되도록 해서 거의 움직임이 없는 상태로 만든다. 이처럼 낮은 온도에서는 상대적인 도플러 효과가 사라지고, 2미터 높이의 통 안에서 원자의 회전 방향이 바뀌는 데 0.5초가 걸리게 된다. 1996년에 처음 등장한 원자분수시계는 국제원자시(國際原子時, International Atomic Time)의 불확실성을 순식간에 90퍼센트나 제거해버렸다.

*그래서 원자분수시계라고 부른다.

우주에서 측정되는 시간

1초를 정확히 측정하려는 노력은 여전히 진행 중이고, 현재는 원자분수시계가 핵심 역할을 하고 있다. NIST의 시간 및 주파수 부문 책임자였던 도널드 설리번(Donald Sullivan)은 "관측 시간을 늘리려면 통의 높이를 네 배로 높여야 될지도 모르겠습니다"라고 이야기한다. 설리번은 실험실 천장에 구멍을 내는 대신, 국제 우주정거장에서 유사한 시계를 설치하는 세 가지 프로젝트 중 하나를 이끌었다. "우주에서는 74센티미터 길이의 통에서 초속 15센티미터로 원자를 쏠 수가 있습니다. 그러니까 대략 5초에서 10초 정도 원자를 관측할 수 있는 거죠." 그가 참여한 예산 2,500만 달러짜리 우주설치기준 원자시계(Primary Atomic Reference Clock in Space, PARCS) 프로젝트는 1초의 정확도를 5×10^{-17} 이내로 측정하려는 목적으로 시작되었다.

PARCS 프로젝트는 2004년 NASA가 우주정거장보다 달과 화성에 유인우주선을 보내는 쪽에 예산의 우선순위를 두면서 취소되었다. 그러나 유럽우주국(European Space Agency, ESA)에서 제작 중인 ACES(Atomic Clock Ensemble in Space)는 2014년 발사를 목표로 개발 중이며, 미소중력 상태의 저궤도에서 시간이 지상에 비해 얼마나 느려지는지를 99.99997퍼센트의 정확도로 측정하는 것을 목표로 하고 있다.*

*ACES는 2017년에 발사되어 국제 우주정거장에 설치될 예정이다.

우주에 설치될 세 번째 시계인 RACE(Rubidium Atomic Clock Experiment)는 원자시계 제조사에게 낯익은 세슘을 다른 원소로 바꾸는 새로운 기술을 적용한다. “최고 성능의 세슘원자분수시계에서 가장 큰 오차원(誤差源)은 저온 충돌(cold collision)이라는 현상입니다”라고 (PARCS 프로젝트와 함께 2004년 취소된 RACE 프로젝트의 책임자였던) 기블이 설명해주었다. 절대온도 0도 근처에서는 양자역학적 움직임이 두드러지고, 원자는 마치 파동처럼 움직인다. “정상일 때보다 수백 배 커지기 때문에 충돌이 훨씬 잦아집니다. 몇 마이크로켈빈 정도의 온도에서는 세슘의 크기가 최대가 되거든요.” 그의 설명이 이어졌다. “하지만 루비듐 원자는 이보다 50배는 작아요.” 덕분에 루비듐시계는 불확실성이 10^{-17}에 이르러서 ACES의 5분의 1에 불과하다.

루비듐시계의 또 다른 장점은 미세구조상수(微細構造常數, fine-structure constant) 알파(α)가 변동하는 것을 볼 수도 있다는 점이다. 이 상수는 원자와 분자 수준에서 전자기적 상호작용의 강도를 결정한다. 이 값은 표준모형(標準模型, the Standard Model)에서 필요하며 137분의 1에 아주 가까운 값을 갖는데, 이런 값을 갖는 이유는 분명치 않다. 그러나 이 상수는 중요하다. 이 값이 크게 달랐다면 우주의 모습은 우리가 알고 있는 것과 전혀 비슷하지 않았을 것이다.

표준모형에서 미세구조상수의 값은 절대로 변하지 않는다. 그러나 표준모형과 경쟁하는 끈 이론의 경우에는 시간이 지남에 따라 이 상수의 값이 약간 작아지거나 커질 수 있다. 2001년 8월 일단의 천문학자들이 미세구조상수가 과거 60억 년 동안 1만 분의 1 정도 상승했을 수도 있다는 가능성을 보여주는 증거를 찾아냈다. 하지만 증거가 확실하지 않았으므로 분명히 답을 내릴 수 없었다. 2008년 원자시계 여러 개를 비교하는 방법으로 α의 값이 조금씩 변한다는 결론에 이를 수 있었는데, 변화의 정도는 1년에 4×10^{-17} 정도의 작은 값이었다.

레이저를 이용한 길이 측정

사실 지난 10년간 이온시계가 개발되면서 원자분수시계는 거의 쓸모없는 수준으로 전락했다. 2001년 8월 NIST의 스콧 디담스(Scott A. Diddams)가 이끄는 연구팀은 초고정밀 시계 개발자들이 살아생전에 절대 보지 못하리라고 생각했던 물건의 시운전 결과를 발표했다. 바로 한 개의 수은 원자를 이용하는 광학원자시계였다. 언뜻 보기에는 몇 기가헤르츠(GHz) 주파수 대역의 마이크로파를 이용하는 원자시계 대신 몇 테라헤르츠(THz)의 주파수를 갖는 가시광선(可視光線)을 이용하는 광학원자시계를 채택하는 것이 자연스럽게 느껴진다. 광자(光子, photon)는 전자를 더 높은 궤도로 이동하는 데 충분한 에너지를 갖고 있어서 더 이상 전자의 자전 같은 미세한 움직임에 매달릴 필요가 없기 때문이다. 그러나 시간을 측정하려면 테라헤르츠의 엄청나게 높은 주파수를 세야 하는 문제가 발목을 잡는다.

"1초에 10^{16}번 변하는 진동을 세는 방법은 아무도 모릅니다." NASA 제트추진연구소(Jet Propulsion Laboratory) 에릭 버트(Eric A. Burt)의 이야기다. "마이크로파 시대에 전자 계수기를 이용하던 것보다 발전된 방법을 찾을 필요가 있어요."

3-2

이제 광학을 이용해 길이를 재는 자가 등장한다. 1999년 독일 가르힝에 있는 막스플랑크(Max Planck) 양자광학연구소의 토머스 우뎀(Thomas Udem)과 테오도어 헨슈(Theodor W. Hänsch)의 연구팀은 주파수 1기가헤르츠의 레이저 펄스를 기준으로 이용해 가시광선의 주파수를 직접 측정하는 방법을 발표했다. 각각의 펄스는 지속 시간이 수십 펨토초에 불과했다(펨토초는 아주 짧은 시간이다. 빅뱅 이후 지금까지를 시간 단위로 세도 1초 동안 지나가는 펨토초 개수에 못 미친다).* 지속적인 레이저 광원은 오직 한 가지 색의 광선만을 방출하지만, 레이저를 펄스 형태로 방출하면 여러 색깔이 섞여서 나오게 된다. 길이가 1펨토초인 레이저 광의 주파수 분포를 보여주는 스펙트럼은 특이한 모습을 띠고 있다. 수백만 개의 날카로운 선이 무지개 색을 띠고 퍼져 있으며, 각각의 선은 이웃한 선과 동일한 간격으로 떨어져 있어 마치 자에 새겨진 눈금처럼 보인다. "1초에 수십억 번의 펄스를 내보내는 레이저를 구성하는 주파수 대역의 각각의 성분이 1헤르츠 이내로 안정되어 있다는 건 정말 믿기 어려운 일입니다." 뉴올리언스의 기블이 손을 휘저으며 이야기했다.

*1펨토초(femtosecond)는 1,000조 분의 1초.

NIST 디담스의 연구팀은 전자기를 이용해 수은 이온을 가둬두는 형태로 기초적인 광학시계를 만들었다. 각각의 원자에서 전자가 떨어져나간 상태인 이온은 양극성을 띤다. 이 양이온들은 서로 밀어내는 움직임을 보이므로 충돌할 우려는 없어진다. 이 장치는 1초에 오차가 6×10^{-16} 이내였다. 장시간에 걸친 동작에서는 오차가 10^{-18} 이하로 떨어졌다. 설리번은 "수은은 사실

이상적인 원소가 아닙니다"라고 인정했다. "이 시계에서 우리가 이용한 전이(transition)는 자기장의 영향을 받을 수 있고, 이를 완벽히 막기는 어렵습니다. 하지만 이리듐을 쓰면 괜찮을 것 같습니다."

우뎀과 헨슈는 한 발 더 앞서 있었다. 이들은 이미 이리듐 이온을 살펴보았고, 오차를 "10^{-18} 이하로 줄이는 것"이 가능해 보인다고 기블도 이야기한다. 독일 브라운슈바이크의 연방물리기술연구소 연구팀은 극성을 띠지 않은 칼슘 원자를 이용한 실험을 진행 중이다. 중성 원자는 통 안에 더 조밀하게 주입할 수 있으므로 신호의 크기가 더 커진다. 2010년 제임스 친웬 추(James Chin-wen Chou)가 이끄는 NIST 연구팀이 '양자 논리(quantum logic)' 시계를 성공적으로 시운전했다. 이 시계는 양자 컴퓨터의 원리를 응용한 것으로, 한 개의 알루미늄 이온을 이용해 짧은 시간 동안 오차를 10^{-18} 이하로 유지할 수 있다.

불분명해지는 1초

그러나 정확도가 다시 문제가 된다. 이런 새로운 시계들은 "세슘 원자의 움직임에 기반을 둔 1초의 정의에서 벗어나 있습니다." 설리번의 지적이다. 우리가 시계의 시간을 맞출 때 기준이 되어야 하므로 새로운 최신 시계는 가장 정확한 것이어야 하며, 결국 시간의 정의가 바뀌어야 한다는 뜻이다. 설리번은 이에 관한 권한을 가진 국제도량형국(BIPM, International Bureau of Weights and Measures)의 시간분과위원회가 세슘 원자에 기반을 둔 정의와 다른 원자를 이용한 정의 사이의 관계를 '2차적' 정의로 사용하자는 자신의 제안을 받아들였다고 알려주었다. 이 제안이 BIPM 전체 회의에서 승인된다면, 1초의 정의는 과거보다 확장됨과 동시에 약간 느슨해진다.

시계를 만드는 사람들은 좀처럼 쉽게 어울리지 못한다. 10^{-17} 정도의 정확성(300만 년에 1,000분의 1초)을 가진 시계는 상대성 이론의 두 가지 현상 때문에 쉽게 틀어질 수 있다. 하나는 시간 지체(time dilation) 현상이다. 움직이는 시계는 느리게 간다. "걸어가는 속도만으로도 10^{-17} 정도의 시간 지체 효과가 나타납니다"라고 기블이 덧붙였다.

다른 문제는 중력이다. 중력이 강해질수록 시간이 느리게 간다. 에베레스트 산 꼭대기에 있는 시계는 바다 위의 시계보다 1년에 10만 분의 3초 정도 빠르다. NIST 연구진이 두 개의 양자 논리 시계를 동기시키려고 했을 때 한 시계를 다른 시계보다 33센티미터 높이 설치했었는데, 두 시계가 가리키는 시각이 확연히 달랐다. 시계의 높이를 10센티미터 바꾸면 시계가 가는 속도가 10^{17}분의 1만큼 달라졌다. 그래도 고도는 지역에 따른 지질학적 특성이나 조석(潮汐), 심지어 지하 수킬로미터 속 마그마의 움직임처럼 중력에 영향을 미치는 요소에 비하면 상대적으로 측정하기가 쉽다.

기블은 궁극적으로 "원자시계와 광학 자를 이용하면 오차가 10^{-22} 수준으로 내려갈 겁니다. 단기간에 이루어질 성과는 아니라고 생각하지만요"라고 말했다. 사실이 그렇다. 두 시계가 측정한 시간을 주고받을 방법도 없다. 다른 곳으로 옮길 수도 없고, 서로 비교할 수도 없는 시계가 대체 무슨 소용이란 말인가?

4

시간의 물리학

4-1 시간은 환상일까?

크레이그 캘린더 Craig Callender

누구라도 이 문장을 읽으면서, 아마 이 순간(지금)이 실제로 일어나고 있는 일이라고 생각할 것이다. 현재라는 순간은 특별한 느낌으로 다가온다. 현재는 실제다. 과거의 기억을 얼마나 갖고 있건 미래를 얼마나 내다볼 수 있건, 우리가 살고 있는 것은 현재다. 물론 방금 전 문장을 읽었던 그 순간은 더 이상 존재하지 않는다. 대신 이 문장을 읽는 순간이 존재한다. 바꿔 말하면, 우리는 시간을 마치 현재가 지속적으로 새로운 현재로 바뀌며 흘러가는 것으로 느낀다는 것이다. 인간에게는 미래는 아직 정해지지 않은 것이고 과거는 이미 고정되어 있다는 강력한 직관이 존재한다. 시간이 흘러감에 따라 고정된 과거, 지금 이 순간의 현재, 열려 있는 미래가 연속적으로 지나간다. 이런 구조는 인간의 언어, 사고, 행동에 모두 배어 있다. 삶 자체가 여기에 맞춰져 있는 것이다.

이런 식의 사고가 자연스럽긴 하지만, 과학적으로는 그렇지 않다. 물리 법칙은 마치 현재 위치가 표시되지 않은 지도나 같아서, 지금 무슨 일이 일어나고 있는지를 알려주지 않는다. 현재는 물리 법칙 속에 들어 있지 않고, 시간의 흐름도 마찬가지다. 또한 알베르트 아인슈타인의 상대성 이론은 현재만 특별한 순간이 아니라 모든 순간이 동일하게 실재(實在)한다는 것을 암시한다. 미래는 열려 있고 과거는 고정된 것이 결코 아니란 이야기다.

역사적으로 많은 사람들이 시간에 대한 과학적 분석과 일상생활에서 우리가 느끼는 감각 사이에 존재하는 커다란 격차 때문에 어려움을 겪었다. 물리학자들이 당연히 시간의 속성이라고 여겨져온 많은 것들을 시간의 속성에서 제외하면서 이런 격차는 점차 커져만 갔다. 이제는 많은 이론물리학자들이 시간이란 근본적으로 존재하지 않는 것이라고 여기게 됨에 따라, 비로소 물리학적 관점에서의 시간과 우리가 느끼는 시간의 간극이 논리적으로 설명될 수 있는 수준에 다다르고 있다.

시간이 존재하지 않는 세상(timeless reality)이라는 개념은 깜짝 놀랄 만한 것이어서 논리적인 생각이라고 여기기가 힘들다. 우리의 모든 행동은 시간이라는 틀 안에서 이루어진다. 세상은 결국 수많은 사건들이 시간이라는 끈으로 엮인 곳일 뿐이다. 누군가의 눈에는 내 머리카락이 허옇게 변해가는 것이 보이고, 누구라도 눈앞의 물체가 움직이는 것을 볼 수 있듯이 말이다. 우리가 느끼는 변화라는 것은 어떤 특성이 시간에 대해서 달라짐을 의미한다. 시간이 존재하지 않는다면 이 세상은 아무런 움직임도 없는 곳이 된다. 그러나 이 이론으로는, 만약 세상이 정말로 변화하지 않는다면 어떻게 변화가 우리 눈에 보이는가를 설명하기가 쉽지 않다.

최근의 연구는 이런 점을 파고든다. 비록 근본적으로는 시간이란 것이 존재하지 않는다고 해도, 어느 단계에서는 드러나는 것일지도 모른다. 마치 단단해 보이는 테이블도 따지고 보면 거의 빈 공간이 대부분인 입자의 무더기인 것처럼 말이다. 우리가 느끼는 단단함이란 입자가 많이 모여 있을 때 나타나는 특성이다. 마찬가지로 시간도 어떤 근본적인 구성 요소로 이루어진 것의 특성일 수 있다.

시간을 이런 식으로 바라보는 개념은 100여 년 전에 상대성 이론이나 양자역학이 제시되었던 것 못지않게 혁명적이다. 아인슈타인은 상대성 이론을 발전시켜나가는 데 있어 핵심적 요소는 시간의 개념을 새롭게 정의하는 것이라고 이야기한 바 있다. 상대성 이론과 양자역학을 통합하고자 했던 그의 바람을 이어간 이후의 물리학자들도 시간이 가장 중요한 요소임을 확인하게 된다. 2008년 물리학 및 우주론 지원 재단(Foundational Questions Institute, FQXi)은 시간의 본질에 대한 에세이 대회를 후원했는데, 물리학계에서 난다 긴다 하는 사람들도 여기에 참여했다. 많은 사람들은 물리학의 모든 법칙을 통합해 설명하는 통일 이론(unified theory)이 완성되면 시간을 배제하고 우주를 표현할 수 있으리라고 생각했다. 일부는 시간이라는 요소를 빼는 것에 반대했다. 이들이 동의했던 것은 시간에 대해 깊이 고려하지 않고는 두 이론의 통합이 불가능하리라는 점이었다.

시간의 흥망성쇠

시간을 바라보는 우리의 통상적 관념은 시대가 흐름에 따라 지속적으로 약해지고 있다. 물리학에서 시간의 역할은 다양하지만, 물리학이 발전하면서 시간의 역할은 점차 축소되고 있다.

언뜻 보기엔 분명치 않을 수도 있지만, 아이작 뉴턴의 물리 법칙은 시간에게 여러 가지 특별한 성질을 요구한다. 일어나는 사건의 순서는 모든 관측자에게 동일하게 보인다. 사건이 언제 어디서 일어나건, 고전물리학에 따르면 사건의 순서를 정확히 파악할 수 있다. 즉 시간은 우주 공간에서 벌어지는 모든 사건의 순서를 완벽히 정의하는 도구가 된다. 어떤 사건이 동시에 일어난다는 개념에는 관측자가 끼어들 여지가 없다. 또한 시간은 연속적인 특성이 있으므로 이를 기반으로 속도와 가속도를 정의할 수 있게 된다.

물리학에서 고전적 의미의 시간에는 (물리학자들이 측정의 개념으로 받아들이는) 길이의 개념이 포함되어 있어 서로 다른 사건들이 얼마나 멀리 떨어져 있는지를 판단할 수 있다. 예를 들어 올림픽 챔피언 우사인 볼트가 한 시간에 43킬로미터의 빠르기로 달린다고 말할 때, 그렇다면 한 시간이란 무엇인지를 측정할 수 있어야 한다. 사건의 순서와 마찬가지로 시간의 길이도 관측자와는 무관하다. 앨리스와 밥이 오후 3시에 학교에서 출발해 각자 다른 곳으로 갔다가 오후 6시에 집에서 만나는 경우, 앨리스와 밥 모두에게 그동안 지나간 시간의 길이는 똑같다.

한마디로 뉴턴의 이론은 우주가 하나의 시계에 맞춰서 움직인다는 것을 의미한다. 이 시계는 다른 무엇에도 영향을 받지 않고 순간순간을 만들어나간다. 뉴턴의 물리학에서 그 밖의 다른 시계는 존재하지 않는다. 또한 뉴턴은 시간이 흘러간다고 여겼다. 비록 그가 만든 물리 법칙에 분명히 포함된 것은 아니지만 이 흐름은 시간의 화살이 되어 미래를 향해 갔다.

지금 생각하면 뉴턴의 시간 개념은 이미 구식으로 보일 수 있지만, 잠시만 생각해봐도 이 개념이 얼마나 놀라운지 쉽게 알 수 있다. 순서, 연속성, 길이,

4-1

동시성, 흐름, 화살 같은 여러 특징은 논리적으로 별개지만 뉴턴이 '시간'이라고 부른 유일한 시계에 모두 단단히 달라붙어 있다. 이런 특징들의 조합으로 이루어진 체계는 매우 견고해서 그 후로도 거의 2세기 가까이 아무런 도전을 받지 않았다.

19세기 후반에서 20세기 초반에 이르자 이 이론에 대한 공격이 시작되었다. 최초는 오스트리아의 물리학자 루트비히 볼츠만이었다. 그는 뉴턴의 법칙이 시간이 앞으로 가건 뒤로 가건 관계없이 항상 성립한다는 것을 꿰뚫고, 시간은 이 법칙에 단단히 장착된 화살이 아니라고 생각했다. 그리고 과거와 미래는 시간의 고유한 특성이 아니라 사건이 우주에서 어떤 식으로 정돈되느냐에 따라 결정되는 비대칭성에 근거한다고 주장했다. 아직도 물리학자들은 이 주장을 둘러싼 논쟁을 이어가고 있지만, 볼츠만이 뉴턴이 생각했던 시간의 특성 중 하나를 설득력 있게 뜯어내버린 것은 분명하다.

두 번째 공격은 아인슈타인이 절대적 동시성이라는 개념을 무너뜨리면서 이루어졌다. 특수상대성 이론에 따르면, 어떤 사건이 동시에 일어난다는 것은 관측자의 속도와 관련이 있다. 사건은 공간이나 시간이라는 틀 안에서 정의되는 것이 아니라, 시간과 공간의 조합인 시공간(時空間, spacetime)에 의해 정의된다는 의미다. 서로 다른 속도로 움직이고 있는 두 명의 관측자에게는 동일한 사건이 일어난 시간과 공간이 다르게 보일 수 있지만, 사건이 일어난 시공간은 둘 모두에게 똑같이 보인다. 아인슈타인의 대학 시절 교수였던 헤르만 민코프스키(Hermann Minkowski)의 유명한 표현처럼, 시간과 공간이란 "사라져버리는 운명을 타고난" 2차적 개념일 뿐이다.

1915년 아인슈타인이 특수상대성 이론을 중력이 작용하는 상황에까지 확장해서 적용한 일반상대성 이론이 발표되자 이제 사태는 되돌릴 수 없게 되었다. 중력은 공간을 휘게 만들므로 공간이 어디인가에 따라 1초는 더 이상 같지 않게 되었다. 여러 시계를 동기시키는 것은 아주 어려운 일이 되어버렸고, 동기된 상태를 유지하는 것은 심지어 이론적으로도 힘들어졌다. 이 세상이 하나의 시간에 따라 움직이지 않는다는 것이 분명해졌다. 극단적으로 생각하면 이 세상을 시간의 특정 순간이라는 개념으로 바라보는 것 자체가 어렵기까지 하다. 어떤 사건이 먼저 또는 나중에 일어났다고 이야기하는 것은 이제 의미가 없어져버렸다.

일반상대성 이론에는 좌표상의 시간(coordinate time), 고유 시간(proper time), 전역 시간(global time, 全域時間)처럼 영어 어휘 '시간(time)'이라는 항목이 연관된 함수가 많이 포함된다. 이 항목들이 합쳐져 뉴턴역학에서 시간이라는 한 가지 항목이 맡은 역할을 수행하지만, 항목 각각만으로는 그다지 위력적이지 못하다. 이런 시간들은 물리학에서 확고히 자리를 차지하지 못하고, 설령 그렇다 해도 우주의 아주 일부분 또는 특정 관찰자에게만 적용될 뿐이다. 비록 오늘날의 물리학자들이 통일 이론에서 시간을 배제하려 애쓰고 있지만, 사실 물리학에서 시간은 이미 1915년에 사라졌고 단지 우리가 그것을 제대로 이해하지 못하고 있다는 편이 옳은 표현일 것이다.

4-1

시간이라는 이야기꾼

그렇다면 대체 시간이란 무엇일까? 시간과 공간을 구분해 생각하던 방식은 이미 사라지고, 상대성 원리가 지배하는 4차원의 거대한 장난감 블록 같은 우주를 떠올리고 싶어질지도 모르겠다. 상대성 이론은 공간을 한 차원 늘림으로써 시간을 블록의 일부로 만들어버린다. 시공간은 어떤 방향으로든 마음대로 썰어낼 수 있는 빵 덩어리나 마찬가지여서, 시간 혹은 공간 어느 쪽으로도 잘라낼 수 있다.

그러나 일반상대성 이론에서조차 시간은 여전히 분명하게 구별되는, 중요한 기능을 맡고 있다. 국부적으로 볼 때는 '시간에 따른(timelike)' 방향과 '공간에 따른(spacelike)' 방향이 구분된다. '시간에 따라 연관된(timelike-related)' 사건은 인과관계로 연결된다. 이때 어떤 사물이나 신호는 한 사건에서 다른 사건으로 전달되며 영향을 미친다. '공간에 따라 연관된(spacelike-related)' 사건끼리는 인과관계가 없다. 한 사건에서 다른 사건의 신호나 사물을 찾아낼 수 없는 것이다. 수학적으로는 이 두 방향을 구분하는 데 '-' 기호 하나로 충분하지만, 이 기호의 효과는 엄청나다. 관측자에 따라 공간에 따른 사건의 순서는 일치하지 않을 수 있지만, 시간에 따른 사건의 순서는 모든 관측자에게 동일하게 보인다. 어떤 관측자가 볼 때 한 사건이 다른 사건의 원인인 것으로 보인다면 다른 어떤 관측자가 보아도 결과는 동일하다.

필자는 4년 전 FQXi 대회에 제출했던 글에서, 시간의 이런 특성에 대해 논한 바 있다. 시공간을 과거에서 미래 방향으로 썰어낸다고 생각해보자. 각각의 조각은 특정한 시각에서의 3차원 공간이다. 이 조각 모두를 합치면 '공간에 따라 연관된' 4차원 공간이 된다. 이번에는 4차원 시공간을 옆에서 바라보고 잘라내는 경우를 생각해보자. 이때는 각각의 3차원 시공간 조각이 2차원은 '공간에 따라 연관되고' 나머지 1차원은 '시간에 따라 연관된' 시공간 조각이 된다. 칼을 세워서 빵을 위에서 아래로 썰어나가는 것과, 칼을 눕혀서 빵을 옆으로 썰어나가는 것을 생각하면 된다.

첫 번째는 영화광뿐 아니라 물리학자들에게도 친숙한 방법이다. 영화의 한 프레임은 시공간의 한 조각을 의미한다. 영화는 공간을 연속적인 시간의 순간으로 보여준다. 영화광들이 손쉽게 줄거리나 다음 장면을 예측하는 것처럼, 물리학자들은 한 순간의 완전한 공간 조각이 주어지면 물리학 법칙을 바탕으로 다음 조각을 유추할 수 있다.

두 번째 방식으로 시공간을 썰어내는 방법은 이해하기가 쉽지 않다. 이 방법은 시공간을 과거에서 미래 방향으로 썰어내는 것이 아니라 동쪽에서 서쪽으로 썰어내는 것이다. 이때의 한 조각은 마치 집의 한쪽 벽과 그 벽에서 미래에 일어날 일을 합쳐놓은 것과 같다. 이 조각에 물리학 법칙을 적용해 집의 나머지 공간(실제로는 우주 공간 전체)에서 어떤 일이 벌어질지를 알아내려 하는 것이다. 이상하게 들리겠지만 사실이 그렇다. 물리학 법칙을 이용해 이것이 가능하다는 것은 언뜻 와 닿지 않는다. 그러나 맥마스터대학의 수학자 월터 크레이그(Walter Craig)와 워털루대학의 철학자 스티븐 와인스타인(Steven Weinstein)이 최근에 이미 보여주었듯이, 적어도 몇몇 단순한 상황에서는 실제로 그렇게 할 수 있다.

이론적으로는 어느 방향으로 잘라도 문제가 없지만, 이 둘은 근본적으로 다르다. 과거에서 미래 방향으로 썰어내는 보통의 방법에서는 각각의 조각에 들어 있는 정보를 얻어내기가 쉽다. 예를 들어 공간 내 모든 입자의 속도를 측정하면 된다. 한 곳에 있는 입자의 속도는 다른 곳에 있는 입자의 속도와 아무런 관련이 없으므로 그저 각각의 입자 속도를 측정하기만 하면 된다.

그러나 두 번째 방식으로 하면, 입자의 속성이 독립적이지 않다. 그래서 특히 세심하게 접근해야 하며, 한 조각이라도 빠지면 전체를 재구성할 수 없게 된다. 또한 아주 어려운 측정을 통해서만 입자들의 상태에 대해 필요한 정보를 얻을 수 있다. 더 문제가 되는 것은, 크레이그와 와인스타인이 이미 밝혀냈듯이, 오직 특별한 경우에만 이런 방식을 이용해 전체 시공간을 재구성할 수 있다는 점이다.

아주 엄밀히 말하자면, 시간이란 시공간 안에서 가장 이해하기 쉬운 내용을 수월하게 예측할 수 있는 방향이라고 할 수 있다. 우주의 이야기는 공간이 아니라 시간이라는 마당에서 펼쳐지는 것이기 때문이다.

양자와 시간

현대물리학의 가장 큰 목표 중 하나는 일반상대성 이론과 양자역학을 통합해 중력이 지배하는 세계와 양자의 세계를 한꺼번에 설명하는 하나의 이론인 양자중력론을 완성하는 것이다. 양자역학에서는 시간이 이제껏 위에서 이야기한 성질과 모순되는 특성을 가져야 하는 점이 지금까지 커다란 장벽 중 하나였다.

양자역학에 따르면 물체는 속도나 위치 같은 고전적 개념으로 표현할 수 있는 것보다 훨씬 다양한 형태로 움직인다. 어떤 물체의 움직임은 양자 상태(quantum state)라는 수학 함수를 이용할 때 완벽하게 표현할 수 있다. 이 상태는 시간에 따라 지속적으로 변한다. 이 함수를 이용하면 물리학자들이 주어진 특정 시각에서의 양자 상태를 계산해낼 수 있다. 전자를 위나 아래로 경로를 구부리는 장치에 통과시킬 경우, 양자역학으로는 정확히 전자가 어디에 있는지 알아낼 수 없다. 양자 상태는 확률로 답을 준다. 예를 들어 25퍼센트의 확률로 전자가 위쪽으로 이동해 있고 75퍼센트의 확률로 전자가 아래쪽으로 휘어져 있을 것이라는 식이다. 양자 상태를 이용해 표현했을 때 동일한 결과를 주는 장치라고 해도 실제 결과는 다를 수 있다. 실험의 결과조차 확률로만 얻어지는 것이다.

양자역학 이론의 확률적 예측은 시간이 특정한 성질을 갖는다는 점을 전제로 한다. 첫째, 시간이 모순을 가능하게 만들어야 한다. 주사위를 던졌을 때 5와 3이 동시에 나올 수는 없다. 다른 시간에는 그럴 수 있다. 이 특성을 종합하면, 주사위의 여섯 가지 숫자가 나올 확률은 합쳐서 100퍼센트가 되어야 하고, 그렇지 않으면 확률의 개념이 무의미해진다. 주사위의 확률은 시간에 따라 더해지는 것이지, 장소에 따라 더해지지 않는다. 양자역학에서 입자가 어떤 위치에 있거나 운동을 가질 확률도 마찬가지다.

둘째, 양자의 움직임을 측정하는 순서에 따라서도 결과가 달라진다. 전자를 처음에는 수직 방향으로 경로가 휘고 그다음 수평 방향으로 휘는 통로를 지나게 하는 경우를 생각해보자. 측정하고자 하는 것은 전자의 각 운동량이다. 이번에는 같은 실험을 하는데, 먼저 수평으로 경로를 휘게 한 다음 수직으로 휘게 하면서 각 운동량을 측정한다. 두 실험의 결과는 전혀 다르다.

셋째, 양자 상태는 특정한 한 시점(時點)에 공간의 모든 위치에서의 확률을 알려준다. 만약 한 쌍의 입자에 대한 양자 상태 값을 알고자 한다면, 둘 중 한 양자의 상태만 측정해도 나머지 양자가 어디에 있건 그 양자 상태에 영향을 미친다. 이것이 바로 아인슈타인을 괴롭혔던, 유명한 '유령 같은 원격 작용(spooky action at a distance)'이다. 입자들이 동시에 영향을 받으려면 우주에는 하나의 공통된 시계가 있어야 하는데, 이는 상대성 이론에 위배되기 때문에 그가 골머리를 앓은 것이다.

논란의 여지가 있긴 해도, 양자역학에서 시간이란 기본적으로 뉴턴역학에서의 시간과 비슷하다. 물리학자들은 상대성 이론에서 시간이라는 요소가 없어지기를 기다리고 있지만, 더 어려운 문제는 양자역학에서 시간이 중심 역할을 한다는 점이다. 통일장 이론이 만들어지기 힘든 원천적인 이유가 여기에 있다.

시간은 어디로 갔을까?

지금껏 초끈(superstring) 이론, 인과적 삼각분할(causal triangulation) 이론, 비

가환기하학(非可換幾何學, noncommutative geometry) 등 일반상대성 이론과 양자역학을 통합해보려는 많은 시도가 있었다. 연구는 대략 두 부류로 나뉜다. 초끈 이론을 연구하는 물리학자들처럼 양자역학이 더 근본적인 역할을 맡는다고 생각하는 경우에는 시간이라는 요소를 완전히 받아들인 관점에서 시작한다. 반면 일반상대성 이론을 근간으로 접근하는 경우에는 시간을 이미 용도 폐기된 존재로 치부하고, '시간이 존재하지 않는 세상'이라는 개념에 보다 호의적인 태도를 보인다.

사실 이 둘 사이의 구분은 모호하다. 최근에는 초끈 이론 연구자들도 시간 개념이 배제된 접근을 하기 시작했다. 필자는 시간이 갖는 기본적인 문제점들을 알리기 위해 두 번째 접근 방법에 초점을 맞추려고 한다. 이런 접근 방법의 대표적인 사례로, 예전에 정준양자중력(定準量子重力, canonical quantum gravity) 이론으로 알려졌던 연구에서 파생된, 루프양자중력(loop quantum gravity) 이론이 있다.

정준양자중력 이론은 아인슈타인이 중력장 내에서의 운동을 표현하려고 쓴 방정식을, 물리학자들이 전자기력을 대상으로 하는 방정식 형태로 다시 정리하던 1950~1960년대에 제시되었다. 기본 아이디어는 양자역학을 세우는 데 이용된 것 같은 기법을 중력에도 이용할 수 있지 않을까 하는 것이었다.

지금은 고인이 된 물리학자 존 아치볼드 휠러(John Archibald Wheeler)와 브라이스 드위트(Bryce DeWitt)는 1960년대 후반까지 이 연구에 몰두했고, 매우 흥미로운 결과를 얻었다. 이들이 만들어낸 방정식, 이른바 휠러-드위트(Wheeler-DeWitt) 방정식에는 시간이라는 변수가 전혀 포함되지 않았던 것이다. 시간을 의미하는 변수 t가 말 그대로 사라져버렸다.

이후 수십 년간 물리학자들은 실망을 거듭했다. 어떻게 시간이 사라져버릴 수 있단 말인가? 사실 돌이켜 생각해보면, 아주 놀라운 일도 아니었다. 앞부분에서 언급했듯이, 시간은 물리학자들이 일반상대성 이론과 양자역학을 통합하고자 시도하기 전에 이미 일반상대성 이론에서 거의 사라진 것이나 다름없었기 때문이다.

이 결과를 글자 그대로 받아들이면, 시간은 정말로 존재하지 않는 것이 되어버린다. 루프양자중력 이론의 창시자 가운데 한 명인 지중해대학의 카를로 로벨리가 FQXi에 제출한 에세이의 제목은 '이제 시간은 잊어라(Forget Time)'였다. 그와 영국의 물리학자 줄리언 바버가 이 이론을 주장하는 가장 대표적인 학자이다. 이들은 상대성 이론에서와 마찬가지로 시간이라는 요소를 제외하고 양자역학을 재구성하려 하고 있다.

이들이 이런 접근이 가능하다고 생각하는 것은, 비록 일반상대성 이론에서 '우주 전체에 모두에게 동일하게 적용되는 시간(global time)'이라는 개념이 배제되었음에도 여전히 변화를 표현할 수 있기 때문이다. 핵심은 일반상대성 이론이 물리적 대상을 모두에게 공통된 시간이라는 추상적 개념이 아니라 서로 다른 물리적 대상끼리 비교함으로써 변화를 표현한다는 점이다.

아인슈타인이 했던 사고실험에서 관측자들은 사건이 일어나는 시각을 빛을 이용한 시계를 비교해 기록한다. 지구 주위를 도는 인공위성의 위치를 부엌에 있는 시계에 근거해 표현하는 것, 혹은 그 반대의 경우로 비유할 수도 있다. 즉 두 가지 물리적 대상 사이의 관계를 공통된 시간이라는 매개체를 제외하고 표현하는 것이다. 머리카락이 희게 변해가는 것을 시간에 대해 이야기하는 대신 위성 궤도에 대해 이야기하는 셈이다. 또는 야구공의 가속도를 속도가 초당 10미터씩 증가한다고 표현하는 대신 빙하의 움직임에 비교해 표현하는 것이나 다름없다. 이렇게 하면 시간은 불필요한 요소가 된다. 시간이라는 매개체가 없어도 변화를 표현할 수 있는 것이다.

사물들 사이의 관계는 아주 깔끔해서, '시간'이라는 요소를 정의하면 모든 관계를 시간에 연관지어 정의할 수 있다. 물리학자들은 우주의 움직임을 시간을 이용한 물리 법칙으로 간단히 표현할 수 있다. 하지만 그렇다고 해서 시간이 우주라는 가구의 기본이 되는 요소라고 속아서는 안 된다. 매번 물물교환으로 커피를 얻기보다는 돈을 이용하는 편이 훨씬 편리하긴 해도, 화폐란 우리가 가치를 두는 것을 표현하는 좋은 발명품일 뿐 화폐 자체에 어떤 가치가 들어 있지는 않은 것과 마찬가지다. 이처럼 시간이란 개념을 이용하면 빙하와 야구를 어떻게 연결지어 바라봐야 할지 고민하지 않고도 물리적 대상들을 서로 연계할 수 있다. 그러나 시간도 돈과 마찬가지로 자연 그 자체에 존재하는 요소는 아니다.

시간을 제거한다는 생각은 매력적이긴 하지만 그에 따른 손해도 있다. 우선 양자역학이 전체적으로 다시 쓰여야 한다. 유명한 슈뢰딩거(Schrödinger)

의 고양이 문제를 떠올려보자. 이 문제에서 고양이는 삶과 죽음 중 어느 한쪽 상태에 있는데, 고양이의 운명은 양자 입자의 상태에 따라 결정된다. 통상적 사고방식으로는 어떤 절차에 따라 양자 상태를 측정하고 나면 고양이는 죽거나 사는 둘 중 한 가지 상태가 되어야 한다. 그러나 로벨리는 고양이의 상태는 절대로 알 수 없다고 주장한다. 고양이는 그 자신에 대해 죽어 있거나, 방 안에 있는 인간에 대해 살아 있거나, 방 바깥에 있는 사람에 대해 죽어 있거나 하는 식이다.

상대성 이론에서도 그렇듯이, 고양이가 죽은 시간은 관측자에 따라 달라진다. 로벨리의 이야기처럼 상대성 이론의 개념을 따라 생각할 때, 고양이의 죽음 자체가 상대적으로 일어나는 일이라면 놀랍기 그지없는 일이다. 시간이란 워낙 근본적인 것이어서, 시간을 배제해버린다면 물리학자의 세계관 자체가 바뀌어야 하는 일이기 때문이다.

시간은 죽지 않았다

시간이란 것이 본질적으로 존재하지 않는다고 해도, 여전히 시간은 분명히 존재하는 것처럼 보인다. 시간이 배제된 양자중력 이론을 옹호하는 사람이라면 누구나 왜 시간이 흘러가는 것처럼 보이는지 궁금하지 않을 수 없다. 일반상대성 이론에서는 뉴턴역학에서의 시간이 빠져 있지만, 중력이 약하고 상대속도가 낮을 때는 여전히 뉴턴역학에서 시간이 수행하던 역할을 부분적으로 대신하는 여러 요소가 포함되어 있다. 휠러-드위트 방정식에는 그조차도 빠져 있다. 바버와 로벨리는 어떻게 무(無)에서 시간(혹은 시간이라는 환상)이 튀어나올 수 있는지에 대한 이론을 각각 제시했다. 그러나 정준양자중력 이론에는 이미 더 발전된 생각이 포함되어 있었다.

반고전 시간(半古典 時間, semiclassical time)으로 알려진 이 아이디어는 1931년 영국의 물리학자 네빌 모트(Nevill F. Mott)가 발표한, 헬륨 핵과 크기가 더 큰 원자의 충돌에 대한 연구에서 제시되었다. 모트는 이 과정을 수학적으로 표현하기 위해 보통은 정적(靜的) 대상에만 적용되는 방식인, 시간이 포함되지 않은 방정식을 적용했다. 그리고 대상을 두 개 부분으로 나눈 뒤, 헬륨 핵을 원자의 '시계'로 이용했다. 주목할 점은 원자가 핵에 비해 시간 변수가 포함된 일반적인 양자역학 방정식에 더 잘 들어맞는다는 점이다. 공간 함수가 시간의 역할을 맡는다. 그러므로 전체 시스템의 관점에서 보면 시간이라는 요소가 빠져 있지만, 각각의 부분을 들여다보면 그렇지 않은 셈이다. 전체 시스템을 표현하는 방정식에서 드러나지 않은 시간이란 요소는 부분을 표현하는 방정식에 숨겨져 있었다.

캘리포니아대학 산타크루스캠퍼스의 토머스 뱅크스(Thomas Banks)를 비롯한 여럿의 뒤를 이어, 독일 쾰른대학의 클라우스 키퍼(Claus Kiefer)의 연구처럼 양자중력에 관한 유사한 연구가 이어져서 FQXi에 제출되었다. 우주에는 시간이 존재하지 않을지도 모르지만, 우주를 잘게 나누면 이 가운데 일부는 다른 조각에게 시계와 마찬가지로 보일 수 있다. 시간이 존재하지 않는 곳에서 시간이 탄생하는 셈이다. 우리는 우리 스스로가 그 조각의 일부이기 때문에 본능적으로 시간을 인지한다는 것이다.

워낙 흥미롭고 놀라운 개념이라 궁금증이 더해질 수밖에 없다. 우주가 항상 시계로 동작할 수 있는 조각으로 나뉘는 것도 아니므로, 이런 경우에는 확률적으로도 아무런 예측을 할 수 없다. 이런 상황을 다루려면 완벽한 양자중력 이론과 시간에 대한 근본적인 재검토가 이뤄져야만 한다.

역사적으로 볼 때 물리학자들은 처음부터 경험을 바탕으로 아주 체계적으로 완성된 형태인 불변의 과거와 현재 및 미지의 미래라는, 시간이라는 대상을 바탕으로 세상을 바라보았다. 이런 생각은 점차 조금씩 허물어졌고 이제는 거의 남아 있지 않다. 연구자들은 이제 생각의 기차를 되돌려, 눈앞의 정적인 세계를 구성하는 조각들 사이의 복잡한 관계를 기반으로 재구성되어야 하는, 고도의 물리학적 시간을 바탕으로 경험적 시간을 재구성해야만 하는 처지가 되었다.

프랑스의 철학자 모리스 메를로퐁티(Maurice Merleau-Ponty)는, 시간은 흐르는 것이 아니고 단지 우리가 "본 것을 슬쩍 강물에 던져 넣어서" 흐름처럼 보이는 산물일 뿐이라고 말했다. 말하자면 우리가 시간이 흐른다고 믿는 까닭은 자신, 그리고 자신과 세계 사이의 연결을 중요하게 여기지 못하기 때문이라는 뜻이다. 메를로퐁티가 이야기하는 것은 주관적 의미의 시간이고, 최근까지 그 누구도 객관적 요소로서의 시간이 이러한 연결의 결과로 설명될 수 있으리라고는 생각지 못했었다. 어쩌면 시간은 세상이라는 시스템을 잘게 나눠 각각이 어떻게 연결되어 있는가를 바라볼 때만 나타나는 것일 수도 있다. 이런 관점에서 본다면, 우리가 느끼는 현실에서의 시간은 자신을 모든 것에서 분리된 존재로 여기는 사고(思考) 덕택이다.

4-2 시간을 미래로 움직이게 하는 원동력은?

존 맷슨 John Matson

물리학자들은 우리가 살아가는 우주를, 공간을 표현하는 세 개의 차원과 시간을 나타내는 한 개의 차원을 합한 4차원의 시공간으로 묘사한다. 이 가운데 세 개의 차원인 공간 안에서는 (중력과 물리적 장애물을 넘어서기만 한다면) 어느 방향으로건 마음대로 움직이며 살아갈 수 있지만, 시간은 (의도적이건 아니건) 우리를 정해진 한 방향으로만 밀어붙인다. 미래라는 방향으로.

이것이 바로 삶을 과거에서 현재를 지나 미래로 보내는 시간의 화살(arrow of time)이다. 영화 〈백 투 더 퓨처(Back to the Future)〉에서는 주인공이 멋지게 과거로 되돌아가지만, 실제로는 아무도 화살의 방향을 반대로 되돌리는(시간을 과거로 흐르게 하는) 방법을 모르며, 그런 시간 여행이 가능하다고 해도 이때 일어나는 곤란한 문제들이 만들어내는 논리적 모순조차 설명하지 못한다. (미래로의 여행은 특수상대성 이론에서 예견한 시간 지체 현상 덕분에 상대적으로 쉽다. 그저 빠르게, 아주 빠르게 움직이기만 하면 된다.)

캘리포니아공과대학의 물리학자 션 캐롤(Sean M. Carroll)의 최근작《영원에서 여기로(From Eternity to Here)》에는 왜 시간이 항상 변함없이 한 방향으로만 움직이는지에 대한 설명이 담겨 있다. 캐롤은 언뜻 보기에 전혀 이질적인 시간, 엔트로피(entropy), 우주론(cosmology)의 세 가지 개념을 합쳐서 생각해야 된다고 주장한다.

엔트로피는 얼추 '어떤 계(系, system)의 무질서한 정도'라고 정의할 수 있으며, 열역학 제2법칙이 나타내듯 시간이 경과함에 따라 항상 증가한다. 엔트로피의 증가가 멈추지 않는다는 것을 설명하기 위해 캐롤은 아침 식사를 예로 들었다. 스크램블드에그를 달걀로 되돌릴 수 없고, 우유가 섞인 커피를 다시 우유와 커피로 분리할 수도 없다. 이런 식으로 모든 시스템은 언제나 더욱 무질서한 상태, 즉 엔트로피가 높은 상태로 변화한다. 아침 식탁의 사례는 세상의 엔트로피가 증가하면서 과거에서 미래라는 되돌릴 수 없는 방향으로 움직이고 있다는 점을 적나라하게 드러내 보인다. 달걀로 오믈렛을 만들거나 우유와 커피를 섞는 것 같은 사건은 시간이라는 차원에서 볼 때 항상 한 방향으로만 움직인다.

하지만 왜 엔트로피가 항상 증가하는 것일까? 캐롤은 모든 것이 뜨겁고 엄청난 밀도로 존재하던 빅뱅(big bang), 심지어 우주가 시작되던 그 이전까지를 바라보는 우주론이 필요해지는 부분이 바로 이 지점이라고 여긴다.

그가 쓴 책과 최첨단의 물리학을 많은 대중에게 소개하는 일의 어려움에 대해 그와 이야기를 나누어보았다. 그 자신은 이론물리학자로서 대중과의 소통을 굉장히 즐거운 일로 받아들이고 있었다. 이미 우주론과 관련된 수많은 정보가 넘쳐나며, 입자가속기를 비롯한 여러 가지 새로운 실험이 곳곳에서 진행되고 있기도 하다.

ㅇ 시간이란 주제가 흥미로운 이유는 무엇일까요? 별 관심이 없는 사람에게

4-2

시간이란 그저 알아서 흘러가는, 우리가 어떻게 할 수도 없는 존재일 뿐이고 변치 않는 사실로 여겨집니다.

- 이 책을 쓰는 데 영향을 준 두 가지가 있습니다. 첫째는 시간이 우리에게 낯익은 대상이란 점입니다. 누구나 시간을 이용합니다. 시계는 누구나 보죠. 하지만 과학자나 철학자의 입장에서 시간을 이해하려면 까다로운 문제가 나타납니다. 물리학의 기본 법칙들은 과거나 미래를 동일하게 다룹니다. 하지만 우리가 사는 세계는 그렇지 않습니다. 과거와 미래에는 큰 차이가 있어요. 과거는 이미 일어난 일이고, 미래는 아직 어떤 모습일지 모르거든요. 이 둘을 어떻게 조화시킬지에 대한 문제입니다. 수백 년간 많은 사람이 풀고자 애썼던 시간의 화살 문제가 좋은 예입니다.

저는 이 문제가 중요하면서도 흥미롭다고 생각했고, 책으로 쓰면 좋겠다고 느꼈습니다. 그러나 이 문제를 좀 더 특별하게 느낀 이유가 있습니다. 결국에는 미래도 어떤 모습인가의 과거로 변하고 말지만, 왜 과거는 미래와 다른가 하는 것은 지금 여기서 우리 둘이 앉아서 이야기를 나누는 것처럼 일상에서 시간이 흘러가는 것과는 다른 문제입니다. 이 문제는 우주 전체, 다시 말해 우주가 어떤 상태에서 시작했는지를 의미하는, 빅뱅 때 일어났던 일과 밀접하게 연관되어 있거든요.

우리의 일상을 완벽히 이해하려면 빅뱅 때 일어났던 일을 이해할 필요가 있습니다. 뭔가 본질적으로 흥미로우면서도 멋져 보이는 질문이지만, 대부분 과학자들은 그리 관심을 두지 않는 문제이기도 합니다. 조금 과소평가

되어 있다고 봅니다. 이 질문에 대한 답을 얻으려면 아직 한참 멀었기 때문에 관심을 덜 받는 면도 있습니다. 그래서 저는 일반 독자뿐 아니라 동료 과학자들도 시간의 화살과 우주론 사이의 연계에 주목하기를 바랐던 겁니다. 저는 이 문제가 현대 과학이 당면한 기본적인 퍼즐 조각이란 것을 항상 염두에 둬야 한다고 생각합니다.

○ 저도 일반 독자의 한 사람으로서 〈애니 홀(Annie Hall)〉, 블라디미르 나보코프(Vladimir Nabokov)의 작품들, 〈덤 앤 더머(Dumb and Dumber)〉 등을 인용한 설명이 인상적이었습니다. 책의 내용을 대중이 이해할 수 있도록 하면서도 흥미를 잃지 않게 만드는 작업은 어렵지 않으셨는지요?

- 최선을 다했고 몇몇 부분에서는 꽤 괜찮은 결과를 이끌어냈다고 생각합니다. 책의 많은 부분이 제 연구와 직접적으로 관련이 없는 내용이었기 때문에 그간 저도 막연히 이해하던 것들에 대해 깊이 생각할 필요가 있었습니다. 솔직히 그런 내용을 다룬 부분이 제가 잘 알던 내용을 다룬 부분보다 오히려 더 쉽고 재미있게 표현되었다고 생각합니다. 왜냐하면 그런 부분은 정말 심사숙고한 뒤에 써야만 했거든요. 어디에서나 쉽게 볼 수 있는 표현을 그냥 가져다 쓴 것이 아니에요.

양자역학과 다중 우주(多重 宇宙, multiverse)에 대한 내용을 제외한다면 대부분의 기본적 개념은 이해하기 어렵지 않습니다. 심하게 추상적이지도 않아요. 높은 차원에서 이야기를 풀어나가는 것도 아닙니다. 책에 담긴 기본적인 아이디어들은 일상에서 늘 보는 것들입니다.

저는 과학이 커다란 문화의 일부라고 생각하는 사람입니다. 과학은 혼자서 존재하는 것이 아닙니다. 그래서 우리가 생각하는 우주, 공간, 시간, 경험, 기억, 자유의지를 포함해 제가 이 책에서 언급하는 모든 것이 과학이고, 우리의 일상이고 우리의 문화이며, 그래서 이 모든 것을 함께 들여다보면 재미있을 것이라는 느낌을 주려고 애썼습니다.

○ 잠시 과학으로 돌아가보죠. 엔트로피 개념과 시간의 화살은 어떤 식으로 얽혀 있는 건가요?

- 아마 대부분 사람들은 '엔트로피'라는 말을 한번쯤 들어봤으리라 생각합니다. 엔트로피는 항상 증가합니다. 그게 열역학 제2법칙이죠. [영국의 소설가이자 물리학자인] 스노(C. P. Snow)에 얽힌 (적어도 과학자들 사이에선) 유명한 일화가 있습니다. 그는 항상 사람들에게 글을 깨쳐야 할 뿐 아니라 과학에 대해서도 무지하지 않아야 된다고 이야기했어요. 그가 누구나 알고 있어야 하는 과학적 지식의 사례로 들었던 것이 바로 엔트로피의 증가를 보여주는 열역학 제2법칙이었습니다.

아주 좋은 내용이라고 생각합니다. 다만 정작 과소평가된 것은 시간의 화살(과거는 돌에 새겨진 것처럼 불변이고 미래는 여전히 어떻게 될지 모른다는 '시간의 속성'을 표현하는 말)에 대한 모든 것이 결국은 엔트로피에 대한 이야기란 점입니다. 어제 일어났던 일은 기억하지만 내일 일어날 일을 지금 알지 못하는 건 엔트로피 때문입니다. 태어날 때는 어리고 나이를 먹음에 따라 늙어갈 뿐, 영화 〈벤자민 버튼의 시간은 거꾸로 간다〉에서처럼 반대가 아닌 이유도 역시 엔트로피 때문입니다. 삶을 살아가는 데 있어 중요하게 받아들여지지 않는 것 중 하나가 엔트로피가 아닐까 싶습니다.

○ 책에는 이름을 밝히지 않으셨지만, 시간 이론과 열역학 제2법칙에 대한 선생님의 이론에 반론을 제기하는 은퇴 물리학자와의 이야기도 있던데요.

- 그분은 우주론과 시간이 연관되어 있다는 생각을 받아들이지 않으셨던 겁니다.

열역학 제2법칙, 또는 일상생활에서 시간의 화살이 어떤 식으로 작동하는지를 이해하는 데 우주론이 필요 없다는 것은 분명히 맞는 이야기입니다. 통계역학 교과서에는 우주론에 대한 이야기가 없습니다. 그러므로 빅뱅을 이해해야만 열역학 제2법칙을 이용할 수 있다거나, 이 법칙의 의미를 알 수 있다고 할 수는 없습니다. 열역학 제2법칙이 존재하는 이유를 이해하려면 우주론과 빅뱅에서 일어났던 일에 대해 알 필요가 있다는 것이 올바른 표현일 것입니다.

이유가 무엇이건 우주의 엔트로피가 낮다고 하면, 그 이후의 일은 교과서에 나와 있는 대로입니다. 하지만 여기서 이야기하려는 건 그보다는 조금 더 나간 것들입니다. 왜 그래야만 하는지, 왜 어제의 엔트로피가 오늘의 엔트로피보다 낮았는지를 알고 싶은 거지요.

4-2

어제의 엔트로피가 오늘보다 낮은 이유를 이해하려면 우주론적 접근이 반드시 필요합니다. 곰곰이 생각해보면, 비록 많은 사람들이 받아들이지 않겠지만, 세상에 확실하게 참이라는 답을 갖는 질문은 절대로 존재하지 않습니다.

ㅇ 말씀하신 접근법으로 시간을 우주론적 관점에서 바라본다면, 과거에 엔트로피가 낮았다는 것은 구체적으로 어떤 의미인가요? 시간이란 과거에는 어떤 모습이었을까요?

- 이런 방식의 관찰을 통해 초기 우주의 모습을 알아내려는 것이 아닙니다. 초기 우주의 모습이 어떠했는지는 이미 알려져 있어요. 초기 우주는 매우 부드러웠고(smooth), 급격히 팽창하고 있었으며, 아주 밀도가 높았고, 뜨거웠고, 굉장히 다양한 물질이 있었습니다. 우주가 통째로 그 안에 들어 있을 정도로 엔트로피가 낮았고, 이것이 우리가 풀어야 할 수수께끼인 셈입니다. 우리가 알고자 하는 것은 (이미 알고 있는) 초기 우주의 모습이 아니므로, 초기 우주를 설명하는 이론을 세우려는 과정에서 그 이론이 순환 우주(cyclic universe)이건 대반동(big bounce)이건* 우주의 초기에 엔트로피가 낮았던 이유를 설명하지 못하면 소용이 없습니다. 최근의 다양한 우주론적 접근들은 이 점에서 부족하다고 생각합니다. 이 문제를 정면으로 부딪쳐 풀어내기보다는 슬쩍 옆으로 피해 간다고나 할까요.

*순환 우주와 대반동은 우주를 설명하는 가설들 중 하나다.

○ 이런 다양한 우주 이론들이 지금껏 우리가 알고 있는 시간과 엔트로피에 대한 이해를 토대로 입증될까요?

- 아직은 아닙니다. 그렇게 되면 좋겠지만요. 저는 분명히 그렇게 되길 바랍니다. 책 후기에 그에 관해 언급했습니다.

한편으론 이런 이론들이 관측 결과로 이어지지 않는다면 사실 공허한 이야기나 다름없습니다. 하지만 지금 당장 실증할 수 없다고 해서 논의조차 필요 없다고 할 수는 없죠. 이 문제는 더 큰 관점에서 접근할 필요가 있어요. 이런 질문에 대한 답이 무엇인지 확실히 알게 되기 전까지 양자역학과 중력이 어떻게 조화를 이루는지를 이해하고 있어야 합니다.

4-3 공간과 시간의 원자

리 스몰린 Lee Smolin

100여 년 전까지도 대부분 사람들, 그리고 대부분 물리학자들도 물질의 속성은 연속적이라고 생각했다. 비록 고대의 일부 철학자와 과학자들이 물질을 잘게 쪼개가다 보면 결국에는 매우 작은 원자로 나뉠 것이라고 추측하기도 했지만, 원자의 존재가 입증되리라고 생각한 사람은 거의 없었다. 오늘날에는 원자의 존재는 물론 원자를 구성하는 입자까지도 연구의 대상이다. 물질이 입자로 이루어져 있다는 생각은 이미 뻔한 이야기가 된 지 오래다.

최근 몇십 년간 물리학자와 수학자들은 공간 역시 작은 조각이 모여 이루어진 것이 아닐까 하는 생각을 해왔다. 학교에서 배웠던 것처럼 공간은 연속적일까, 아니면 마치 옷감 조각처럼 실이 꼬여 이루어진 것일까? 충분히 아주 작은 크기의 공간을 들여다볼 수 있다면 더 이상 작게 나뉠 수 없는 크기를 갖는, 공간의 '원자'를 볼 수 있을까? 시간은 또 어떨까? 자연은 연속적으로 변화하는 것일까, 아니면 컴퓨터처럼 아주 작은 단계로 나뉘어 변하고 있는 것일까?

이에 대해 지난 25년간 많은 연구와 진전이 있었다. '루프양자중력(loop quantum gravity)'이라는 다소 어색한 이름을 가진 이론에 의하면, 공간과 시간은 작은 덩어리가 모여서 이루어져 있다고 한다. 이 이론을 바탕으로 한 계산의 결과는 아주 단순하면서 아름답기까지 하다. 이 이론은 빅뱅과 블랙홀

(black hole)에 연관된 헷갈리는 현상에 대한 이해의 폭을 넓혀주었다. 무엇보다도 실험을 통해 시공간의 원자(그런 게 정말 존재한다면)를 감지해내는 것이 머지않아 가능할 수도 있다는 점이 중요하다.

양자(量子)

필자의 연구팀은 '양자중력 이론이 과연 가능할까'라는 오래된 물리학 문제와 씨름하는 과정에서 루프양자중력 이론을 세웠다. 이 문제가 왜 중요한지(또한 공간과 시간이 입자로 이루어져 있는지와 무슨 관계가 있는지)를 설명하려면 양자론과 중력론에 대한 약간의 이해가 필요하다.

양자역학은 물질이 원자로 이루어졌다는 것이 확실하게 입증된 후에 이를 기반으로 20세기 초반의 20여 년 사이에 세워졌다. 양자역학의 방정식에는 원자의 에너지 같은 일부 물리량이 특정한 단위를 가진 형태로 포함되어 있다. 양자론은 원자의 특성과 운동, 기본적인 입자와 이를 구성하는 힘을 잘 설명한다. 역사상 양자론만큼 성공적인 이론은 없었다. 양자론은 화학, 입자물리학, 전자기학, 심지어 생물학의 기반이 되는 이론이다.

양자역학이 모습을 갖춰가던 시기, 알베르트 아인슈타인이 중력에 관한 이론인 일반상대성 이론을 완성했다. 이 이론에서 중력은 질량에 의해 휘어진 공간과 시간(이 둘이 합쳐져 '시공간'을 이룬다)의 결과물이다. 고무판 위에 볼링공과 구슬이 놓여 있는 모습을 생각해보자. 볼링공과 구슬은 태양과 지구, 고무판은 우주 공간에 해당한다. 고무판이 볼링공에 눌리면서 생긴 경사 때문에 구슬은 마치 볼링공 쪽으로 작용하는 힘(중력)에 끌리는 것처럼 구르게 된다. 마찬가지로 특정 위치에 질량이나 에너지가 집중되어 있으면 시공간의 구조가 휘면서 다른 입자와 빛이 그쪽 방향으로 휘게 되는데, 이것이 바로 중력이라고 부르는 현상이다.

양자론과 아인슈타인의 일반상대성 이론은 각각 실험을 통해 훌륭하게 입증되었지만, 두 이론을 동시에 충족시키는 실험은 아직까지는 없다. 양자역학은 아주 작은 입자 수준에서 지배적으로 작용하는 반면에 일반상대성 이론은 이보다 질량이 훨씬 큰 물체에 잘 들어맞기 때문에, 두 조건을 모두 충족하는 이론을 만들어내는 일은 매우 어렵다.

실험 결과에 이런 허점이 있다는 사실은 개념적으로 커다란 문제가 된다. 아인슈타인의 일반상대성 이론은 순전히 고전적인 대상, 즉 양자가 아닌 물체를 대상으로 한다. 물리학이 전체적으로 논리적 설득력을 가지려면 양자역학과 일반상대성 이론을 어떻게든 통합한 하나의 이론이 존재해야 한다. 많은 물리학자들이 이 양자중력론(quantum gravity 또는 quantum theory of gravity)을 만들려고 애썼다. 일반상대성 이론은 시공간의 구조를 다루므로, 양자중력론은 시공간에서의 양자론이 되어야 한다.

물리학자들은 고전적인 물리학 이론을 이에 대응하는 양자역학적 표현으로 바꾸는 많은 수학적 기법을 만들어냈다. 많은 이론물리학자와 수학자들이 이 기법을 일반상대성 이론에 적용했으나, 처음에는 결과가 신통치 못했다. 1960~1970년대에 이루어진 작업에서 얻어진 결과는, 양자론과 일반상대성 이론을 말끔하게 합치기가 어렵다는 것이었다. 결국 두 이론에 포함되지 않은 추가적인 가설이나 법칙, 아니면 새로운 입자나 장(場, field), 혹은 뭔지 모를 새로운 요소를 추가하는 등의 뭔가 완전히 새로운 접근이 필요했다. 기존의 두 이론에 무엇인가를 더하거나 새로운 수학적 구조를 도입하면 양자론이 적용되지 않는 거시적 세계에서 일반상대론으로 수렴하는 유사 양자론을 만들 수 있을지도 모른다. 양자론과 일반상대론이 이미 훌륭히 설명하고 있는 결과를 망치지 않으려면, 통합 이론에 의한 결과는 양자적 특성과 중력의 특성이 함께 두드러지는 특별한 상황에만 나타나야 한다. 이런 맥락에서 트위스터(twister) 이론, 초중력(supergravity) 이론, 초끈 이론 같은 여러 가지 접근이 시도되었다. 그러나 오랜 연구에도 불구하고 어떤 이론도 실험적으로 결과를 입증하지 못했다. 그래서 많은 물리학자들은 과연 양자론과 일반상대성 이론이 과연 통합 가능한지 아닌지에 대해 다시 생각해보게 되었다.

커다란 허점

1980년대 중반 필자와 몇몇 동료들(지금은 펜실베이니아주립대학에 있는 압헤이 애쉬태카Abhay Ashtekar, 메릴랜드대학의 테드 제이콥슨Ted Jacobson, 지중해대학의 카를로 로벨리)이 표준적인 기법을 이용해 양자역학이 일반상대성 이론에 무리 없이 결합될 수 있는지를 다시 한 번 살펴보기로 했다. 우리는 1970년대에 실패한 연구에 허점이 있다는 것을 알았다. 당시에 사용한 계산은 마치 원자가 발견되기 이전에 사람들이 생각하던 물질의 구조처럼 공간의 구조가 연속적이고 부드럽다고(smooth) 가정했다. 당시 몇몇 원로 학자들은 만약 이 가정이 틀리다면 이제까지의 모든 계산 결과는 신뢰할 수 없게 된다고 지적하기도 했다.

그래서 우리는 공간이 부드럽고 연속적이라는 가정을 하지 않고도 계산할 수 있는 방법을 찾기 시작했다. 실험적으로 명백히 입증된 일반상대성 이론과 양자론의 내용을 넘어서는 어떤 가정도 하지 않았다. 특히 일반상대성 이론의 두 항목을 계산에서 핵심 요소로 간주했다.

첫 번째는 배경 독립성(background independence)이다. 이 법칙에 의하면 시공간의 구조(geometry)는 고정된 것이 아니다. 시공간의 구조는 변화하는 특징을 갖는다. 시공간의 구조를 알아내려면 물질과 에너지의 모든 효과를 포함하는 방정식을 풀어야만 한다.

두 번째 법칙은 미분동형사상 불변성(微分同形事象 不變性, diffeomorphism invariance)이라는 볼 만한 이름으로 알려져 있는 것으로, 배경 독립성과 밀접한 관련이 있다. 이 법칙은 일반상대성 이론 이전의 이론들과는 달리, 방정식을 쓸 때 시공간에서 좌표계를 마음대로 선택해도 상관없다는 의미를 내포한다. 시공간에서의 한 점은 그 점에서 실제로 일어나는 일에 의해 결정되는 것이지, 좌표 값만으로(어떤 좌표도 특별하지 않다) 결정되지 않는다는 뜻이다. 미분동형사상 불변성은 일반상대성 이론에서 매우 강력하고 기본적인 법칙이다.

이 두 법칙을 양자역학의 기본적인 기법들과 잘 조합해 공간이 연속적인지 아닌지를 계산할 수 있는 수학적 방법이 개발되었다. 기쁘게도 이 계산에 따르면 공간은 입자로 구성되어 있었다. 루프양자중력 이론의 기반이 세워진 것이다. 여기서 '루프'라는 용어는 이 이론의 계산 중 일부가 시공간에서 작은 고리(loop)를 만드는 데서 연유한다.

여러 명의 물리학자와 수학자가 다양한 방법으로 재계산을 수행했다. 이후 몇 년 동안 루프양자중력 이론은 물리학 분야에서 전 세계의 많은 연구자들이 관심을 갖는 주요 연구 주제 가운데 하나로 자리 잡았다. 이러한 노력의 결과, 시공간을 보다 자신 있게 표현할 수 있게 되었다.

이 이론은 가장 작은 크기의 시공간을 대상으로 하는, 시공간 구조에 관한 양자론이므로, 아주 작은 영역이나 부피에 대해 이 이론을 어떻게 적용할지 살펴볼 필요가 있다. 양자물리학의 세계에서는 측정 대상이 되는 물리량이 어떤 것들인지를 명확히 정의해야 한다. 이제 B라는 이름의 구역을 생각해보자. 이 구역은 무쇠로 만들어진 통처럼 어떤 물질로 정의될 수도 있고, 블랙홀의 사건 지평선(event horizon, 사건 지평선 너머에서 벌어지는 일은 빛조차도 블랙홀의 중력을 이기고 빠져나오지 못하기 때문에 외부에서 볼 수 없다)처럼 시공간의 구조 자체로 정의될 수도 있다.

이 구역의 부피를 측정하려 하면 어떤 일이 벌어질까? 양자론과 미분동형사상 불변성에 따른 결과는 각각 어떻게 나타날까? 만약 공간의 구조(geometry)가 연속적이라면, 이 구역의 크기는 어떤 값이라도 될 수 있으며 측정값은 양수(陽數)이면서 실수(實數)여야 한다. 한없이 0에 가까울 수도 있다. 그러나 공간이 입자로 이루어져 있다면 측정값은 입자의 개수에 따라 정해지는 값만 나올 것이고, 공간이 아무리 작아도 최소 값이 존재하게 된다. 마치 원자핵 주위를 도는 전자가 특정한 크기의 에너지만 가질 수 있는 것과 같다. 고전역학에 따르면 전자는 어떤 값의 에너지라도 가질 수 있지만, 양자역학에 따르면 전자는 몇몇 특정한 값의 에너지만 가질 수 있다(이런 에너지 값 사이의 값은 존재하지 않는다). 마치 19세기에 물의 흐름을 연속적인 값으로 생각했던 것에 비해 물의 원자 개수를 세는 것으로 비유할 수 있다.

루프양자중력 이론은 공간을 원자처럼 바라본다. 공간의 부피를 측정했을 때 얻을 수 있는 값은 공간 입자의 개수다. 공간은 작은 조각으로 이루어져 있다. 측정 가능한 또 다른 특성은 면(面) B의 면적이다. 마찬가지로 이번에는 면적이 개수로 측정된다. 다른 말로 면과 공간은 연속적이지 않다는 것이다. 면적과 부피 모두 양자 단위의 개수로 측정할 수 있다는 의미다.

부피와 면적은 플랑크 길이(Planck length)라는 단위로 측정된다. 이 단위는 중력의 세기, 양자의 크기 및 빛의 속도와 관련이 있다. 이 길이로 측정되는 수준에서 공간은 더 이상 연속적이지 않다. 플랑크 길이는 10^{-33}센티미터로 매우 작다. 크기가 0이 아닌 가장 작은 면은 양 변이 10^{-33}센티미터인 사각형이므로 그 넓이가 10^{-66}제곱센티미터이고, 가장 작은 부피는 세제곱 플랑크 길이, 즉 10^{-99}세제곱센티미터가 된다. 그러므로 이 이론에 의하면 각 변의 길이가 1센티미터인 정육면체 안에는 10^{99}개의 부피 원자가 들어 있는 셈이다. 부피 원자의 크기는 아주 작아서 1세제곱센티미터 안에 들어 있는 부피 원자

양자 상태처럼 특정한 값만 갖는 부피와 면적

루프양자중력 이론의 핵심 내용은 부피 및 면적과 관계가 있다. 구역 B가 공 모양의 입체로 정의된다고 해보자(그림 ⓐ). 고전 (양자역학이 아닌) 물리학에 따르면, 부피는 양의 실수 값을 갖는다. 반면 루프양자중력 이론은 최소의 부피가 될 수 있는 값(약 1 세제곱 플랑크 길이, 10^{-99}세제곱센티미터)이 존재하고, 부피는 이 크기의 입자가 모여서 이루어진 것이라고 본다. 마찬가지로 최소 면적의 크기도 존재하고(약 10^{-66}제곱센티미터) 면적은 이 최소 면적이 모여서 만들어진다. 가능한 면적과 부피의 분포(그림 ⓑ)는 띄엄띄엄 떨어진 값만 가지므로 수소 원자의 양자 에너지 수준의 모양(그림 ⓒ)과 상당히 흡사하다.

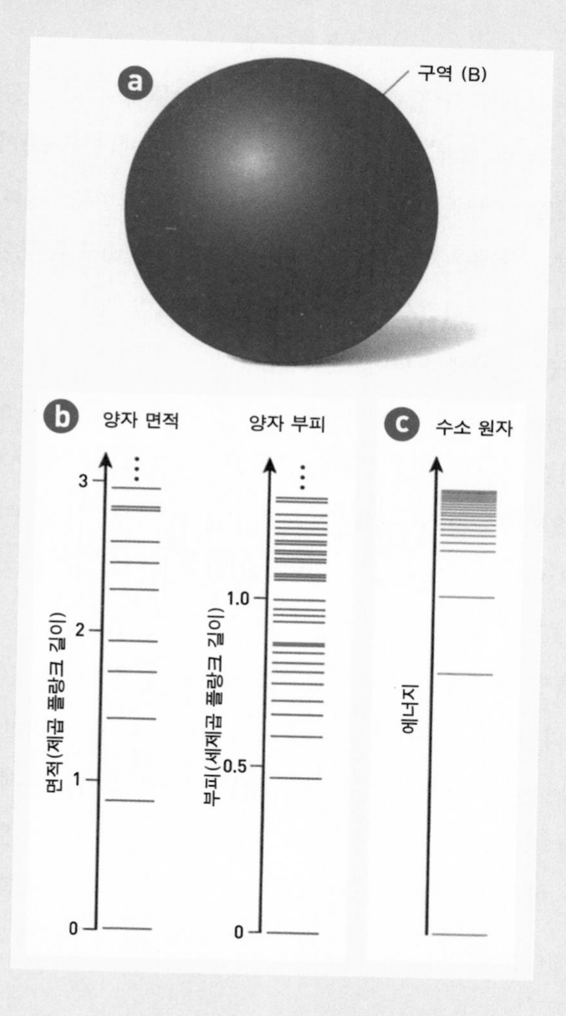

의 개수는 우리가 볼 수 있는 우주를 채울 수 있는 1세제곱센티미터 크기의 정육면체의 개수, 즉 10^{85}개보다도 훨씬 많다.

스핀 네트워크

이 새로운 이론이 시공간에 대해 말해주는 것은 무엇일까? 우선 공간과 면(面)이 양자 상태라면 대체 어떤 모습일까? 작은 육면체나 구(球)가 모여 공간이 이루어진 것일까? 답은 '아니다'이다(공간은 그렇게 단순하지 않다). 그럼에도 공간과 면이 양자 상태를 갖는 것을 다이어그램(diagram)으로 형상화할 수 있다. 이 다이어그램은 수학적으로 우아하게 연결되어 있어 이 분야의 연구자들에게는 아름다움 그 자체로 받아들여진다.

다이어그램을 이해하기 위해 다음에 나오는 그림('부피의 양자 상태를 그림으로 나타내기')처럼 육면체 모양의 공간 덩어리가 있다고 생각해보자. 다이어그램에서는 이 육면체를 여섯 개의 각 면에서 직선이 뻗어나온, 부피를 나타내는 점으로 표시한다. 점 옆에 공간 덩어리의 개수를 나타내는 숫자를 쓰고, 각각의 직선에는 직선 방향으로 향한 면의 개수를 적는다.

이번에는 육면체 위에 피라미드 모양을 얹었다고 생각해보자. 육각형과 피라미드의 두 다면체는 한 면이 공통되고, 두 개의 점(공간 덩어리 두 개)이 (두 다면체의 맞닿는 면에서 각각 나온) 하나의 직선으로 연결된다. 이제 육면체에는 다섯 개의 면(직선 다섯 개)이 남아 있고, 피라미드에는 네 개의 면(직선 네 개)이 남아 있다. 이런 식의 표현 방법을 이용하면 아무리 복잡한 형태의 다면체

형상도 점과 직선, 숫자를 이용해 나타낼 수 있다. 각각의 다면체는 점이 되고 다면체의 각 면은 선, 선과 선이 연결되는 곳이 교점(交點, node)이 되는 것이다. 수학자들은 이런 표현 방식을 '선 다이어그램 그래프(line diagram graph)'라고 부른다.

이제 입방체를 표현하기 위해서는 이 그래프만 있으면 된다. 수학적 기법으로 공간과 면의 양자 상태를 표현하는 데는 선과 교점이 연결될 수 있는 조건, 선이 연결되는 조건, 이때 나타날 수 있는 숫자의 값 같은 몇 가지 규칙이 있다. 모든 양자 상태는 이 그래프로 표현될 수 있으며, 규칙에 맞는 그래프는 이에 해당하는 양자 상태가 존재함을 의미한다. 이 그래프를 이용하면 공간이 가질 수 있는 어떤 양자 상태라도 표현할 수 있는 것이다. (실제 수학적 내용과 양자 상태에 대한 자세한 사항은 여기서 설명하기에는 너무 복잡하다. 다만 관련된 그림 몇 가지만을 보여주려 한다.)

양자 상태를 표현하기에는 선 다이어그램 그래프가 입방체를 그리는 것보다 훨씬 유용하다. 때로 그래프로는 표현할 수 있지만 그에 해당하는 입방체를 그리기가 어려운 경우도 있다. 예를 들어 공간이 휘어 있을 때의 입방체는 그림으로 표현이 불가능하지만 그래프로는 쉽게 표현된다. 그래프로 공간이 얼마나 휘어 있는지를 계산하는 것도 가능하다. 중력이란 공간의 변형에 의해 만들어지는 것이므로, 이 그래프가 바로 양자중력 이론을 표현하는 방법이 되는 것이다.

그래프를 2차원으로 표현해 단순화하기도 하지만, 3차원으로 그리는 것

부피의 양자 상태를 그림으로 나타내기

루프양자중력을 연구하는 물리학자들은 아주 작은 공간의 상태를 표현하기 위해서 스핀 네트워크 다이어그램을 이용한다. 이 그림은 다면체를 표현하는 방법이라고 할 수 있다. 정육면체에는 6개의 면이 있다(그림 ⓐ). 스핀 네트워크에는 부피를 나타내는 교점(노드)과 6면을 의미하는 선 6개가 있다(그림 ⓑ). 스핀 네트워크를 표현하려면 여기에 부피의 값과 각 면의 면적을 나타내는 숫자를 표시하면 된다. 그림에서 부피는 8 세제곱 플랑크 길이이고, 각 면은 4 제곱 플랑크 길이이다. (루프양자중력 이론의 법칙에 따라 부피와 면적은 특정한 값만 가질 수 있다. 특정 조합의 숫자만이 선과 교점에 쓰일 수 있다.)

육면체 위에 피라미드 모양이 얹어지면(그림 ⓒ), 각각 피라미드와 육면체를 의미하는 교점이 표시된다(그림 ⓓ). 피라미드의 각 면과 육면체의 밖으로 드러난 5면을 의미하는 선이 해당 교점에 표

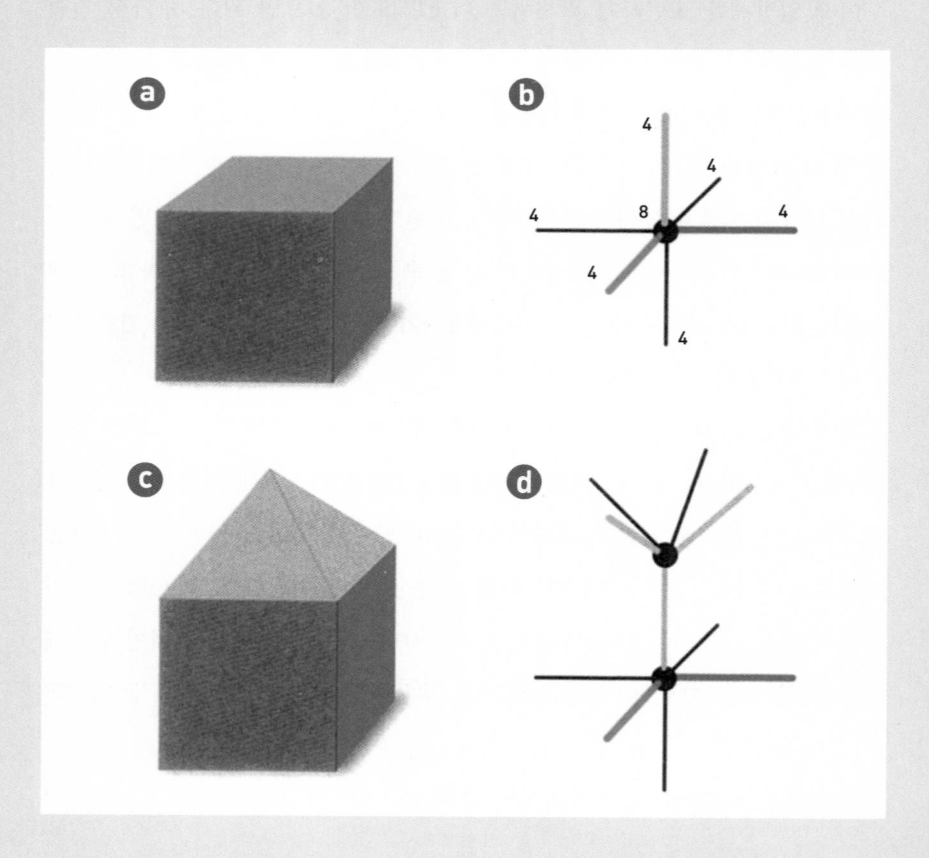

시된다(숫자는 편의상 생략되었음).

일반적으로 하나의 양자 면은 한 개의 선으로 표시되는 반면(그림 ⓔ), 여러 양자로 이루어진 평면은 다수의 선으로 표현된다(그림 ⓕ). 마찬가지로 하나의 양자 부피는 한 개의 교점(그림 ⓖ)으로 표시되지만, 큰 부피는 여러 개의 교점(그림 ⓗ)을 이용해서 나타낸다. 공 모양 입체의 부피는 내부에 있는 모든 교점의 합으로, 표면적은 모든 선의 합으로 나타낸다.

스핀 네트워크는 다면체보다 훨씬 기본적인 개념이다. 어떤 형태의 다면체라도 이런 식으로 스핀 네트워크를 이용해서 표현할 수 있지만, 다면체로는 표현할 수 없는 스핀 네트워크도 있다. 이런 스핀 네트워크는 공간이 강한 중력장에 의해서 휘어졌거나 플랑크 길이 수준의 작은 공간 구조가 양자 진동을 할 때 나타난다.

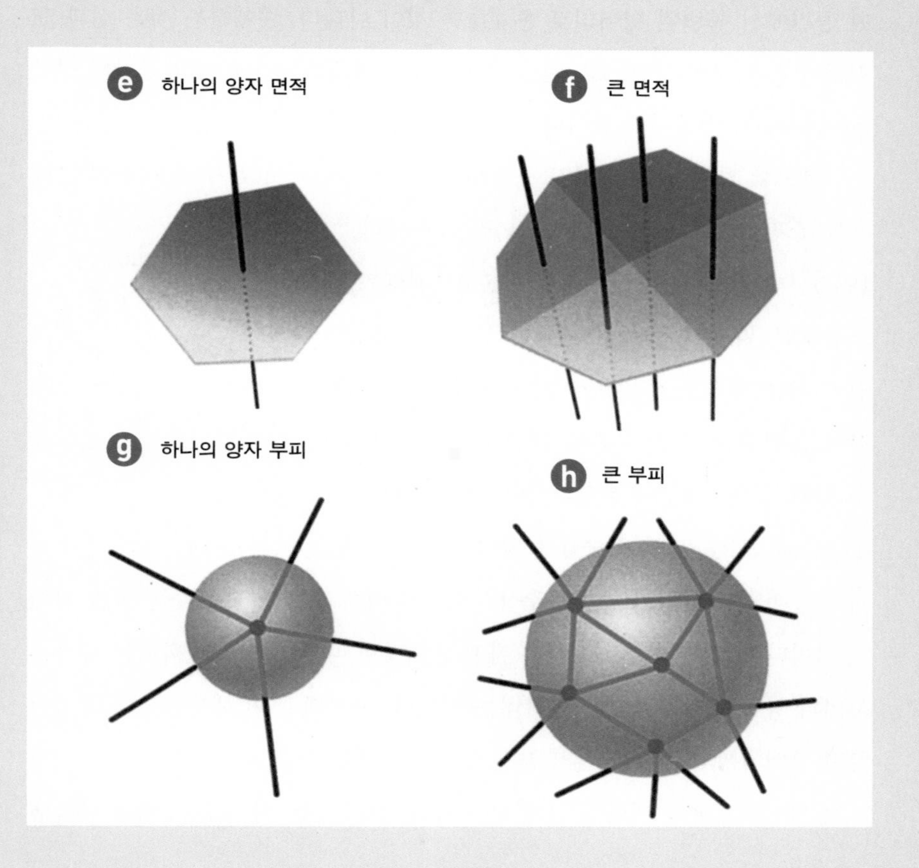

이 실제에 가깝기 때문에 더 낫다. 그런데 여기에도 그래프의 선과 교점이 실제 공간의 특정 위치에 있는 것이 아니라는 개념적 함정이 존재한다. 그래프는 각각의 공간 덩어리가 연결되는 방식, 면 B를 표현하는 방식에 따라 그려진 것뿐이다. 그래프가 나타내는 공간은 일반적으로 생각하는 연속적인 3차원 공간에서 독립된 덩어리로 존재하는 것이 아니다. 존재하는 것은 선과 교점뿐이다. 이것이 공간이고, 이들이 어떻게 연결되었는가에 따라 공간의 구조(geometry)가 결정되는 것이다.

그래프에 들어 있는 숫자가 스핀(spin) 값에 관련되어 있기 때문에 이 그래프를 스핀 네트워크(spin network)라고 부른다.* 1970년대 초반 옥스퍼드대학의 로저 펜로즈는 스핀 네트워크가 양자중력 이론에 유용하게 쓰일 수 있으리라고 생각했다. 1994년에는 그의 생각이 옳았다는 것을 복잡한 계산을 통해 확인할 수 있었으므로 매우 흥분했다. 파인만 다이어그램(Feynman diagram)에 익숙한 독자라면 스핀 네트워크가 파인만 다이어그램과 추상적으로 유사하긴 해도 다르다는 점을 이해할 것이다. 파인만 다이어그램은 어떤 상태에서 다른 상태로 변화하는 입자들 사이의 양자적 상호작용을 나타내는 것이다. 반면에 스핀 네트워크는 고정된 양자 상태에서의 공간과 면의 양자 상태를 표현한다.

*스핀은 '전자의 자전'을 의미하는 개념이지만, 고전역학에서 의미하는 공간적 구조를 갖지 않는 전자에게 고전적 의미의 자전은 있을 수 없다. 그래서 보통 '자전'이라는 용어 대신 '스핀'을 그대로 사용한다. 자전에 상대성 이론과 양자역학을 결합한 개념이다.

이 다이어그램의 개별 교점과 선은 공간상에서 지극히 작은 영역을 나타낸다. 하나의 교점은 보통 1 세제곱 플랑크 길이, 선 하나는 1 제곱 플랑크 길이의 면적을 나타낸다. 그러나 원칙적으로 스핀 네트워크는 한없이 커질 수 있다. 우주(은하와 블랙홀을 포함한 우주의 모든 물질의 중력에 의해 휘어진 공간)를 스핀 네트워크로 그린다면 교점이 10^{184}개가 될 테니 그 복잡함은 상상하기조차 어려운 정도다.

스핀 네트워크를 이용하면 공간의 구조를 그림으로 나타낼 수 있다. 하지만 그 안에 들어 있는 물질과 에너지는 어떻게 표현할 것인가? 공간에서 특정 위치와 영역을 차지하는 입자와 장(filed)을 표현할 방법 말이다. 전자 같은 입자들은 별도의 표시가 붙은 점(node)으로 표시한다. 전자기장(電磁氣場, electromagnetic filed) 같은 장은 선에 별도의 표시를 한다. 공간을 가로지르는 입자와 장은 이런 식의 표시를 이용해 그 움직임을 계단식으로 표현할 수 있다.

스핀 거품

우주 공간에서 움직이는 것은 입자와 장뿐만이 아니다. 일반상대성 이론에 따르면 우주의 구조(geometry)는 시간에 따라 변화한다. 물질과 에너지가 움직임에 따라 우주가 꺾이고 휘며, 파동은 마치 호수의 물결처럼 그 공간을 따라서 가로지른다. 루프양자중력 이론에서는 이런 과정이 그래프의 변화로 표시된다. 그래프가 보여주는 연결 상태가 달라지면서 표현되는 것이다.

물리학자가 양자역학적으로 현상을 나타내려면 각기 다른 과정에 대한 확률을 계산해야 한다. 이는 스핀 네트워크상에서 움직이는 입자나 장을 표현하려는 것이건, 시간에 따라 변화하는 공간의 구조를 나타내려는 것이건, 루프양자중력 이론으로 어떤 현상을 설명하려는 것이건 언제나 마찬가지다. 지난 15년간 많은 사람들이 노력한 끝에, 스핀 네트워크가 시간에 따라 변화하는 다양한 움직임의 확률을 계산하는 우아한 규칙들이 발견되었다. 이 규칙들은 아인슈타인의 일반상대성 이론의 양자 판(版)이나 마찬가지다. 이제 이 이론의 틀은 확고히 세워졌다. 이 이론의 규칙에 따르는 세상에서 일어나는 어떤 과정(process)이라도 그 확률을 계산하는 방법이 아주 잘 정리되어 있는 것이다. 이제 이런저런 실험에서 얻어지는 결과를 계산하고 예측하기만 하면 되는 것이다.

확률을 계산하는 확실한 방법을 알아내기 위해, 아인슈타인이 그랬던 것처럼 관점을 공간에서 시공간으로 옮겨야 했다. 아인슈타인의 특수상대성 이론과 일반상대성 이론에서는 공간과 시간이 합쳐져 하나의 통합된 개념인 시공간을 이룬다. 루프양자중력 이론에서 공간을 표현하는 스핀 네트워크는 스핀 '거품(foam)'이라는 개념을 통해 시공간을 아우른다. 시간이라는 추가적 차원이 더해지면, 스핀 네트워크의 선은 2차원의 면으로 변하고 교점(node)은 선이 된다. 스핀 네트워크가 변화(앞에서 설명한 움직임)하는 전이 과정은 이제 선들이 거품 속에서 만나는 교점으로 표현된다. 시공간을 이런 스핀 거품 그림으로 나타내는 방법은 로벨리, (지금은 우루과이의 대학에 있는) 마이크 레이젠버거(Mike Reisenberger), 영국 노팅엄대학의 존 바렛(John Barrett), 캔자스주립대학의 루이 크레인(Louis Crane), 캘리포니아대학 리버사이드캠퍼스의 존 바에즈(John Baez), 캐나다 온타리오의 페리미터(Perimeter)이론물리연구소에 있는 포티니 마르코폴로(Fotini Markopoulou)를 비롯한 여러 사람에 의해 제안되었다.

사물을 시공간의 관점에서 바라보면 특정 순간의 모습은 마치 시공간을 잘게 썰어낸 한 조각과 같다. 스핀 거품에서 이런 식으로 한 조각을 잘라내면 스핀 네트워크가 된다. 하지만 이 조각은 연속된 시간에서의 한 순간처럼 연속적으로 움직이는 것이 아니다. 오히려 공간이 스핀 네트워크의 불연속적(discrete) 구조에 의해 결정되므로, 다음에 나오는 그림('시간에 따라 변화하는 구조')처럼 시간이 이 네트워크를 재배열하는 각각의 움직임의 나열 형태로 정의된다. 이런 식으로, 시간도 불연속적이 된다. 시간은 강물처럼 연속적으로 흐르는 것이 아니라 초침이 '째깍'거리는 것처럼 한 단계씩 움직이며, 가장 작은 '째깍'의 길이가 바로 플랑크 시간인 10^{-43}초인 것이다. 더 확실히 표현하자면, 우주에서의 시간이란 수없이 많은 시계에 의해 흐른다. 어떤 의미에선 양자의 '움직임'이 일어나는 스핀 거품의 모든 위치에서는 그 위치의 시계가 한 번 째깍거린 것이다.

시간에 따라 변화하는 구조

공간 형태의 변화(물질과 에너지 내부에서 일어나는 변화와 중력파가 흘러갈 때 일어난다)는 스핀 네트워크의 재배열 혹은 움직임을 통해서 표현된다. 그림 ⓐ는 연결된 세 개의 부피 양자가 합쳐져서 한 개의 부피 양자가 되는 모습이다. 반대 방향으로의 변화도 가능하다. 그림 ⓑ에서는 두 개의 부피 양자가 공간을 다른 형태로 나누며 연결되어 있다. 다면체로 표현한다면 두 다면체가 공통 면을 맞대고 붙은 뒤에 접합면이 아닌 다른 면을 따라 둘로 나뉜 것과 같다. 스핀 네트워크는 공간의 구조가 대대적으로 변할 때뿐 아니라 플랑크 크기 수준에서 양자 출렁임이 일어날 때도 지속적으로 이런 식의 움직임을 보인다.

움직임을 표현하는 또 다른 방법은 스핀 네트워크에 시간축을 더하는 것으로 스핀 거품이라고 부른다(그림 ⓒ). 스핀 네트워크의 선은 스핀 거품의 면이 되고, 교점은 선이 된다. 특정한 시간을 따라서 스핀 거품을 잘라내면 스핀 네트워크가 얻어진다. 이 조각을 각기 다른 시간에 대해서 얻어낸 뒤 나열하면 스핀 네트워크가 시간에 대해서 변화하는 모습을 볼 수 있다(그림 ⓓ). 그러나 언뜻 보기에 연속적인 이 변화는 사실 불연속적이다. 오렌지색 선을 포함한 모든 스핀 네트워크 (첫 세 개

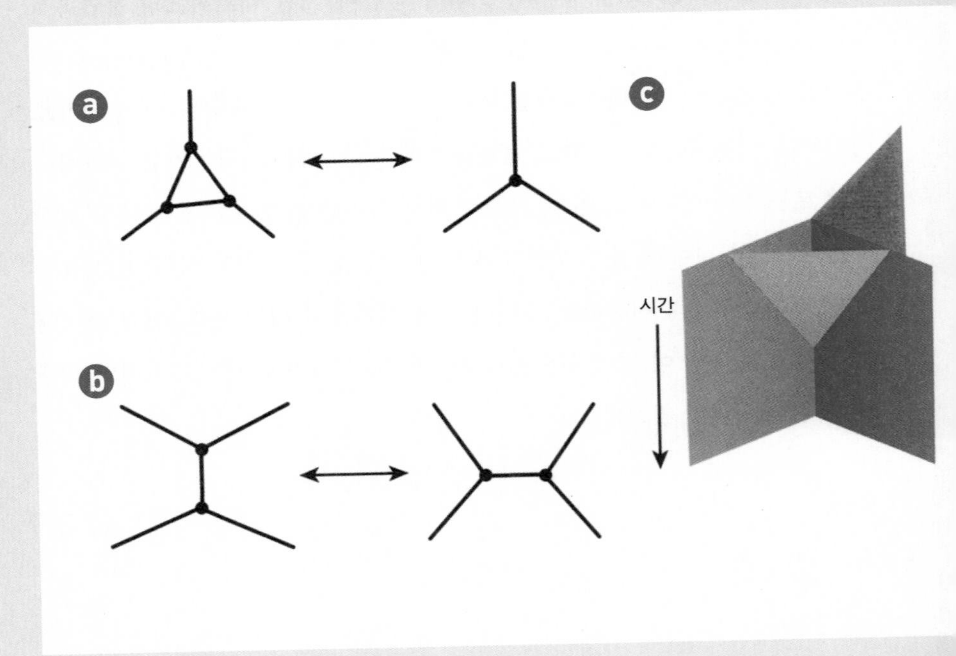

프레임의 구조)는 똑같으며 오렌지색 선의 길이는 중요하지 않다. 선들이 어떻게 연결되어 있는지, 각 선에 어떤 값이 주어져 있는지가 중요하다. 이에 의해서 입체와 면적이 어떤 식으로 구성되어 있고 어떤 크기인지가 결정된다. 그러므로 그림 ⓓ의 첫 세 그림에서 부피 입자 세 개와 면적 입자 여섯 개로 이루어진 구조라는 사실은 동일하다. 이제 이 구조가 불연속적으로 변해서 마지막 그림처럼 부피 입자 한 개와 세 개의 면으로 이루어진 형태가 된다. 이처럼 스핀 거품으로 표현된 시간은 불연속적인 움직임으로 표현되는 것이다.

시각적인 이해를 위해서는 이 과정을 영화의 프레임처럼 나열해서 보여주는 것도 괜찮지만, 더 정확한 방법은 시간의 불연속적 움직임을 이용하는 것이다. 시간이 한 칸 움직이면, 오렌지색 면적 부분이 존재한다. 한 번 더 움직이면 사라진다. 사실은, 반대로 오렌지색 부분이 사라지는 것이 시간의 움직임을 정의한다. 시간의 최소 단위는 대략 플랑크 시간인 10^{-43}초다. 이보다 작은 값의 시간은 존재하지 않는다. 물 분자 두 개 사이에 다른 물이 없듯이.

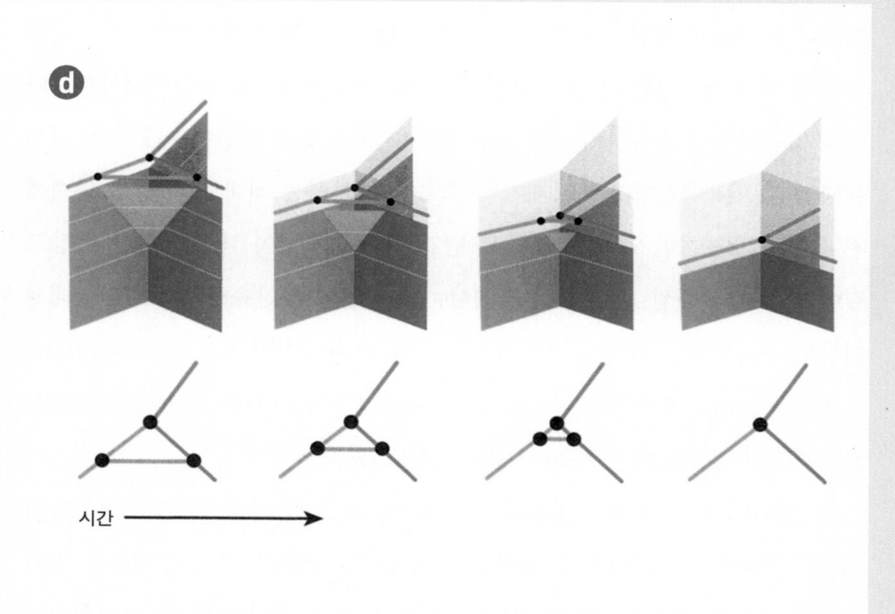

4-3

실험

지금까지 간략하게나마 플랑크상수 크기로 표시되는 수준의 세계에서 루프양자중력 이론이 공간과 시간을 바라보는 관점을 설명했지만, 이 이론을 그 정도 크기 수준에서의 실제 실험을 통해 직접적으로 증명할 수는 없다. 너무 작기 때문이다. 그렇다면 어떻게 이론을 입증할 수 있을까? 루프양자중력 이론을 근사화(近似化)해서 고전적인 일반상대성 이론을 유도하는 것도 한 가지 방법이다. 다른 말로 하자면, 스핀 네트워크가 실을 꼬아서 만든 천이라고 할 때 전체 천의 물리적 특성을 수천 가닥의 실의 특성을 평균 내어 계산할 수 있느냐는 질문과 마찬가지다. 이와 유사하게, 아주 많은 플랑크 길이에 대해 평균을 내면, 스핀 네트워크가 공간의 구조와 변화(evolution)를 대략적으로나마 아인슈타인의 고전적인 '부드러운 천(smooth cloth)' 개념에 어긋나지 않게 설명할 수 있을까? 어려운 문제지만, 확률을 계산하는 제대로 된 방법 덕택에 지금껏 많은 진전이 있었다. 과거 몇 년간 여러 연구팀이 작업한 결과, 플랑크 길이 수준보다 훨씬 큰 공간 구조에서는 움직임이 아인슈타인의 일반상대성 이론의 근사치에 가깝다는 것이 분명해졌다. 유사한 방법으로 (중력파重力波와 관계있는 양자인) 중력양자(重力量子, graviton)가 아인슈타인의 일반상대성 이론에 꼭 들어맞게 움직인다는 사실도 드러났다.

루프양자중력 이론이 고전물리학과 양자론의 오랜 의문 가운데 하나인 블랙홀의 열역학 문제, 특히 무질서함(disorder)과 관계가 있는 블랙홀의 엔트로피를 어떻게 설명할 수 있는지 실험해보는 것도 의미가 있다. 물리학자들은 일종의 혼합 접근, 즉 물질은 양자역학적으로 다루면서 시공간은 고전물리학의 방식에 따라 다루는 접근을 통해 블랙홀의 열역학 문제를 탐구해왔다. 루프양자중력 이론 같은 완전한 양자중력 이론을 쓰면 이 문제를 설명할 수 있어야 한다. 지금은 히브리대학에 재직 중인 제이콥 베켄슈타인(Jacob D. Bekenstein)은 1970년대에 블랙홀이 표면적에 비례하는 엔트로피를 가져야 한다고 생각했다. 얼마 지나지 않아서 케임브리지대학의 스티븐 호킹(Stephen Hawking)이 블랙홀, 특히 작은 블랙홀은 전자파를 방출할 것이라는 결론을 이끌어냈다. 이런 예측들은 지난 30년간 이론물리학 분야에서 가장 손꼽히는 것이라고 할 수 있다.

루프양자중력 이론에 의한 계산을 하기 위해, 블랙홀의 사건 지평선을 구역(경계) B로 삼는다. 계산의 대상이 되는 양자 상태의 엔트로피를 분석해보면 베켄슈타인이 예측했던 것과 동일한 결과가 얻어진다. 호킹의 블랙홀 복사(輻射, radiation)도 정확히 계산해낸다. 게다가 블랙홀 복사의 보다 자세한 구조에 대한 실마리를 제공하기도 한다. 만약 실험에 쓸 수 있는 아주 작은 규모의 블랙홀이 있다면 여기에서 방출되는 전자파의 스펙트럼을 분석해 이 이론의 타당성을 검증해볼 수 있을 것이다. 하지만 크기를 떠나 블랙홀을 만들어내는 기술은 아직 존재하지 않으므로 이는 먼 미래의 일일 뿐이다.

사실 어떤 종류건 양자중력 이론을 실험하는 일은 기술적 난관에 부딪히게 된다. 문제는 이론에 따라 나타나야 하는 특성들이 아주 작은 크기인 플랑크 길이의 양자 세계에서나 두드러진다는 점이다. 플랑크 크기는 현재 계획 중인 가장 최신의 고에너지 입자가속기(더 미세한 관찰을 하려면 에너지가 더 많이 필요하다)로 볼 수 있는 크기의 10^{16}분의 1 수준에 불과하다. 가속기로는 이런 크기의 세계에 도달할 수 없기 때문에, 많은 사람들이 양자중력 이론을 실험으로 입증하려는 희망을 접었다.

그러나 지난 몇 년간 몇몇 창의적인 젊은 학자들이 양자중력 이론을 실험해볼 수 있는 새로운 방법을 고안해냈다. 이 방법들은 빛이 우주를 가로지르는 것을 이용한다. 빛이 어떤 매질을 통과할 때는 빛의 파장이 조금씩 변한다. 빛이 물속에서 꺾이거나 파장, 즉 색깔에 따라 분리되거나 하는 것이 좋은 예다. 이런 효과는 빛이 스핀 네트워크로 표현되는 공간을 지날 때도 동일하게 일어난다.

하지만 안타깝게도 이 효과는 파장이 플랑크 길이에 견줄 정도로 짧아져야 두드러진다. 그런데 가시광선의 파장조차도 플랑크 길이보다 10^{28}배나 된다. 지금껏 관측된 가장 강력한 우주선(宇宙線, cosmic ray)의 파장도 플랑크 길이의 10억 배나 된다. 관측 가능한 모든 복사파에서, 공간의 입자성에 의한 효과는 굉장히 작다. 젊은 학자들이 생각해낸 것은 이런 작은 효과가 빛이 먼 거리를 이동하면서 누적된다는 점이었다. 수십억 광년 떨어진 곳에서 일어난 감마선 폭발(gamma ray burst)에 의해 발생한 빛과 입자를 관측하면 되는 것이다.

감마선 폭발은 매우 다양한 에너지를 가진 광자를 방출한다. 아인슈타인의 특수상대성 이론에 의하면 모든 광자의 속도는 항상 똑같다. 그러므로 폭발에서 방출된 광자는 방출된 순서대로 관측된다. 그러나 연속적이지 않은 시공간을 통과하는 빛은 이 법칙에서 약간 벗어나, 각각의 광자가 가진 에너지의 크기에 따라 속도가 달라질 수 있다. 이는 시공간의 양자적 구조가 아인슈타인의 상대성 이론과 충돌함을 의미한다. 이 충돌은 일반적 크기의 세계에서는 아주 작지만, 이동 시간 동안 효과가 증폭되어서 에너지가 더 큰 광자가 먼저 도착할 정도로 어마어마한 거리를 이동한 빛의 경우에는 관측이 가능한 수준에 이른다.

두 가지 가능성이 존재한다. 첫째로 양자적 시공간이 '속도와 정지(停止)는 상대적 개념이다'라는 상대성 이론의 기본 원칙에 들어맞지 않을 가능성이다. 그렇다면 어떤 관측자에게는 시공간의 원자들이 마치 고체의 원자처럼 정지한 상태로 보일 수 있다는 의미가 된다.

두 번째는 상대성의 원칙은 적용되지만, 폭발에서 출발한 광자가 관측자에게 도달할 때까지 걸리는 시간은 광자가 가진 에너지에 따라 달라진다고 특수상대성 이론을 수정해야 되는 경우다. 이 가능성을 이중 특수상대성 이론(doubly special relativity)이라고 하며, 아주 최근에 상대적 국소성(相對的 局所性, relative locality)이라는 개념에 포함되었다.

현재 양자 시공간에서의 아인슈타인의 특수상대성 이론의 운명을 결정하는 데 충분한 수준의 감도를 확보한 실험이 여럿 진행되고 있다. 그중에서도 가장 중요한 것은 2008년 6월 이래 지구 궤도에서 운용 중인 페르미 감마선 전파망원경(Fermi Gamma Ray Observatory)이다. 여기서 관측되는 내용은 이미 양자중력의 세계를 볼 수 있는 수준에 이르러 있다. 외부 은하에서 오는 편광 전자파(偏光 電磁波, polarized radio wave)나 매우 강력한 우주선(宇宙線)을 관측한 결과도 양자중력의 수준에서 상대성 원칙의 타당성을 확인하는 데 매우 유용하다. 이 망원경을 통해 향후 수년간 이루어질 관측 결과에 따라, 특수상대성 이론이 양자 시공간에서 적용되려면 수정이 필요할지 아닐지가 결정될 것이다.

양자중력 이론이 이런 실험의 결과를 잘 설명할 수 있을까? 지금으로선 아닌 것 같다. 1990년대에 이루어진 몇몇 계산에서 상대성 원리의 원칙에 어긋나는 결과가 얻어졌지만, 이 계산들은 스핀 네트워크의 움직임(evolution)의 법칙을 잘못된 형태로 이용하고 있었다는 것이 밝혀졌다. 지금 옳다고 여겨지는 법칙들은 상대성 원리의 원칙에 위배되지 않는다. 다만 특수상대성 이론이 일부 수정될 필요가 있는지는 여전히 연구 중이다.

우주

우주의 기원처럼 심오한 우주론적 질문에 대한 답을 찾는 데 있어 루프양자중력 이론은 새로운 가능성을 제시한다. 이 이론을 적용해 빅뱅 직후 같은 초기 우주의 모습이 어떠했었는지를 연구할 수도 있다. 일반상대성 이론에 따르면 우주의 초기에 시간이 시작된 순간이 존재했었는데, 이는 (일반상대성 이론은 양자론이 아니므로) 양자물리학과는 배치된다.

그러나 루프양자중력 이론에 따르면 빅뱅(대폭발)은 사실상 대반동(大反動,

*big bang이 아니라 big bounce.

big bounce)이다.* 반동이 있기 전의 우주는 빠르게 축소되고 있었다. 현대의 이론물리학자들은 미래의 우주론적 관측을 통해 실험이 가능할지도 모르는, 초기 우주를 설명하는 이론을 세우려 애쓰고 있다. 빅뱅 이전에 이미 시간이 존재했었다는 증거를 찾아내는 것이 수십 년 안에 가능할지도 모른다.

관측을 통해 입증될 수 있는 루프양자중력의 또 다른 가능성은 우주배경복사(cosmic background radiation)에서 관측되는 편광에 의해 왼쪽과 오른쪽의 대칭성이 무너질 수도 있다는 것이다. 이 효과가 정말로 존재한다면 거울을 통해 본 우주는 직접 바라보는 우주와 다를 것이다. 임페리얼칼리지런던의 주앙 마구에이호(João Magueijo)의 연구진이 지적했듯이, 이는 루프양자중력 이론에 따르면 자연스런 결과이고, 플랑크 위성을 비롯해 현재 운용되고 있는 우주 망원경에서 관측될 수 있을 것이다.

최근의 루프양자중력 이론 연구는 중력을 자연에 존재하는 다른 종류의 힘과 합쳐 설명하고 있다. 필요하다면 추가적인 차원이나 초대칭(超對稱, supersymmetry) 개념을 이론에 더할 수도 있다. 그러나 초끈 이론의 사례에서 보이듯이, 아직까지 어떤 이론도 중력과 입자물리학을 완벽히 통합하고 있지는 못하다.

루프양자중력 이론에는 여전히 풀어야 할 문제가 많다. 일반상대성 이론이 루프양자중력 이론과 어떤 범위 내에서는 유사하다는 믿을 만한 증거가 있긴 해도, 여전히 이 이론의 핵심적 특성을 보다 견고하게 다듬을 구석은 많다. 또한 상대성 이론의 수정이 관측 가능한 결과로 나타날 때 이것이 의미하는 바가 무엇인지를 이해하려면 아직 갈 길이 멀다.

루프양자중력 이론 이외에도 몇몇 독립적인 양자중력 관련 연구들이 흥미로운 결과를 얻어냈다. 인과적 동적 삼각측량법(causal dynamic triangulation), 인과적 집합(causal sets), 양자 '낙서(graphity)', 행렬 모형(matrix models), 형태 역학(shape dynamics) 등이다. 물리학의 역사에서 루프양자중력 이론은 매우 중요한 위치를 차지한다. 이 이론은 양자론과 상대성 이론에 추가적인 가정을 더하지 않기 때문에 충분히 일반상대성 이론의 양자론 판이라고 부를 만하다. 눈여겨볼 만한 초기 성과(스핀 네트워크와 스핀 거품으로 표현되는 연속적이지 않은 시공간)는 직관적으로 무엇인가를 상정해서가 아니라 이론에 의거한 수학을 바탕으로 얻어진 것이다.

지금껏 이야기한 내용은 모두 여전히 이론 수준에 머무르는 것들이다. 여기서 언급한 내용이 무엇이건, 사실 우주는 어느 정도 크기의 공간을 들여다보건 공간의 크기에 관계없이 연속적일 수도 있다. 과학은 어차피 실험으로 입증되어야 한다. 머지않아 그것이 가능할지도 모른다는 것이 어쩌면 좋은 소식이 아닐까 생각한다.

4-4 값이 변하는 상수

존 배로 John D. Barrow · 존 웹 John K. Webb

세상에는 절대로 변하지 않는 것들도 있다. 물리학자들이 자연의 상수(常數, constant)라고 부르는 것들이 그렇다. 빛의 속도 c, 뉴턴의 중력 상수 G, 전자의 질량 m_e 같은 값은 우주 어디에서든 항상 같다고 가정된다. 이 값들은 마치 물리학 이론의 발판과 같아서, 우주라는 옷감을 규정하는 존재와 다름없다. 물리학의 발전은 이런 상수를 보다 정확히 측정해내는 일과 함께해왔다.

그런데 놀라운 점은 아무도 이런 상수를 속 시원히 설명한 적이 없다는 사실이다. 물리학자들은 특정 상수들이 (주어진 단위계에서) 왜 해당 값을 갖는지 그 이유를 모른다. 국제단위계(SI)에서 c는 299,792,458이고 G는 6.673×10^{-11}, m_e는 $9.10938188 \times 10^{-31}$인데, 이 값들만 봐서는 아무런 특징적 패턴을 찾을 수 없다. 유일한 공통점이라면, 이런 값들이 조금만 달랐더라도 생명체 같은 복잡한 원자 구조체는 존재할 수 없었으리라는 사실이다. 이런 상수들의 비밀을 캐려는 바람은 자연을 완벽하게 하나의 이론으로 설명하는 이른바 '만물의 법칙(theory of everything)'을 찾는 노력의 숨은 동력 중 하나였다. 물리학자들은 이런 법칙을 통해 자연과 관련된 각각의 상수가 단 하나의 값만을 갖는 이유가 논리적으로 밝혀지기를 기대했다. 그렇게만 된다면 겉보기엔 마구잡이인 듯한 자연의 숨은 질서가 드러날 것이었다.

그런데 최근 수년간 상수를 둘러싼 분위기가 오히려 더 혼란스러워졌다.

연구자들은 만물의 법칙의 가장 강력한 후보인, 끈 이론의 변종 중 하나인 M-이론(M-theory)이 우주가 4차원 이상의 시공간, 많으면 7차원에 이를 때에만 논리적으로 모순이 없다는 점을 알아냈다. 그랬을 때 나타날 수 있는 한 가지 결과는, 우리가 알고 있는 상수들이 실은 기본적인 값들이 아닐 수 있다는 것이다. 우리는 더 높은 차원의 공간에 존재하는 상수의 3차원적 '그림자' 만을 보고 있다는 이야기다.

물리학자들은 많은 상수의 값이 그저 우주 역사의 초기에 일어난 사건들과 기본 입자들이 여러 과정을 거치는 동안 우연히 정해진 것이라고 여기기도 했다. 사실 끈 이론에 따르면, 각각의 물리 법칙과 상수에 의해 움직이는 아주 많은 개수(10^{500})의 '세계'가 존재한다. 우리가 사는 세계에서 왜 지금의 상수 값들이 정해졌는지는 아직까지 아무도 모른다. 연구가 계속되면 존재할 수 있는 세계의 개수가 1이 될 수도 있겠지만, 아직은 우리가 알고 있는 우주도 여럿 중 하나(다중 우주의 일부분)이고, 각각의 우주는 서로 다른 체계를 갖고 있으며, 우리가 자연에서 관측하는 법칙은 단지 각각의 우주에서만 통용되는 법칙이라는 것을 부정하지 말아야 한다.

우리가 알고 있는 수많은 상수들에 대해서도, 이들의 조합이 우리의 의식을 움직이는 것이라는 것 말고는 달리 설명을 더하기도 어렵다. 우리 눈에 보이는 우주는 마치 무한한 개수의 생명이 없는(자연의 다양한 힘이 전혀 다르게 작용해 전자 같은 입자나 탄소 같은 구조, DNA 분자가 형성될 수 없는 초현실적인 곳) 우주에 둘러싸인 고립된 오아시스일 가능성도 있다. 혹시라도 그런 외부 우주에 대한 호기심이 발동했다면, 지금이라도 멈추는 편이 낫다.

결국 끈 이론은 오른손으로 내민 것을 왼손으로 받는다. 끈 이론은 부분적으로는 외견상 규칙성이 없어 보이는 물리학적 상수들을 설명하기 위해 만들어졌고, 이론을 지탱하는 기본적 수식에는 이런 상수가 거의 포함되지 않는다. 그러나 아직까지 끈 이론으로 지금껏 우리가 알고 있는 상수의 값을 설명할 방법은 없다.

정확한 자

사실 '상수(常數)'라는 호칭은 적절하지 않다. 상수의 값은 시간과 공간에 따라 달라진다. 공간에 추가적 차원이 있어 공간의 크기가 바뀐다면 우리가 알고 있는 3차원 공간에서의 '상수' 값이 달라질 수밖에 없다. 우주 공간을 멀리 내다보면 '상수' 값이 변하기 시작하는 영역을 볼 수 있다. 1930년대 이후로 연구자들은 상수 값이 변하지 않는 것이 아닐지도 모른다고 생각하기 시작했다. 끈 이론은 이런 생각에 이론적 토대를 제공하기 시작했고, 상수 값이 변하는 경우를 찾아내는 일의 중요성이 부각되었다.

그러나 막상 실험은 쉽지 않다. 첫 번째 문제는 실험실 장비 자체가 상수의 변화에 민감할 수 있다는 점이다. 원자의 크기를 잴 때, 모든 원자의 크기가 커졌는데 원자의 크기를 재는 자의 크기도 함께 커졌다면 이를 알아낼 방법은 없다. 모든 실험은 (자, 분동分銅, 시계 같은) 기준은 변하지 않는다는 암묵적 전제 아래 행해지지만, 상수를 측정하려는 경우에는 이런 전제가 성립하지 않는다. 측정의 대상은 아무런 단위를 갖지 않는(순수한 숫자인) 상수이므로 사용하는 단위계와 관계없이 항상 같은 값을 갖는다. 양성자와 전자의 질량 비율 같은 두 물체의 질량 비가 좋은 예다.

주요 관심의 대상이 되는 상수는 빛의 속도 c와 한 개의 전자 e의 전하량, 플랑크 상수 h, 진공 유전율 ε_0이다. 유명한 미세구조 상수 알파(α) = $e^2/2\varepsilon_0 hc$는 1916년 양자역학을 전자기학에 적용한 선구자 아르놀트 조머펠트(Arnold Sommerfeld)에 의해 처음 알려졌다. 이 상수는 빈 공간에서 대전된 입자(ε_0)의 전자기적(e) 상호작용의 상대성 원리적 요소(c)와, 양자역학적 요소(h) 사이의 관계를 숫자로 보여준다. 이 상수의 값은 137.03599976분의 1로 대략 137분의 1이다. 이 때문에 137이라는 숫자가 물리학자들 사이에서 특별한 의미를 지니게 되었다(여행 가방 자물쇠 번호가 137인 물리학자들이 많다).

만약 α의 값이 달랐다면 우리 주변의 많은 것들이 뿌리부터 달랐을 것이다. 이 값이 지금보다 작다면 고체인 원자 물질의 밀도가 (α^3에 비례해) 낮아져서, 분자 구조가 더 낮은 온도(α^2)에서 부서지고, 주기율표상에서 안정된 원소의 개수가 늘어날 것이다(α분의 1). 만약 α가 너무 크다면, 양성자들끼리 밀어내는 전기적인 힘이 양성자들을 붙잡아두는 핵력(核力, nuclear force)보다 커져서 양성자의 개수가 적은 원자핵은 존재할 수 없게 된다. 값이 0.1만 컸어도 탄소는 존재하지 못했을 것이다.

별에서 일어나는 핵반응은 특히 α에 민감하다. 핵융합이 일어나려면 별의 중력이 원자핵들끼리 서로 밀어내려는 힘을 이길 정도로 충분한 온도의 열을 만들어내야 한다. α가 0.1만 커도 핵융합은 불가능하다(전자와 양성자의 질량 비 같은 다른 값들이 적절하게 변하지 않는다면). α의 값이 4퍼센트만 변해도 탄소 원자핵의 에너지준위가 별이 탄소를 만들어내지 못할 정도로 변하게 된다.

자연 원자로

실험에서 맞닥뜨릴 두 번째 문제는 좀 더 어려운데, 상수의 변화를 측정하려면 측정 장비 자체가 상수의 변화를 기록하는 오랜 기간 동안 안정적으로 유지되어야 한다는 것이다. 원자시계조차도 며칠, 최대 몇 년 정도의 기간 동안만 미세구조 상수의 변화를 측정할 수 있다. α가 3년에 4×10^{-15} 이상 변화한다면 최고 성능의 원자시계로는 이를 알 수 있겠지만, 그런 시계는 없다. 이 정도의 변화량이면 거의 변하지 않는 것이 아닐까 생각하겠지만, 3년은 우주적 관점에서 본다면 눈 깜빡할 순간에 불과하다. 우주의 긴 역사를 거치면서 천천히, 그러나 아주 근본적으로 일어난 변화는 측정할 수 없는 것이다.

다행히도 물리학자들이 새로운 실험 방법을 찾아냈다. 1970년대 프랑스 원자력에너지위원회 소속의 과학자들은 가봉의 오클로 광산에서 채취한 우라늄 광석의 동위원소 조성(同位元素 組成, isotopic composition)에서 뭔가 특이한 점을 발견했다. 보기에는 원자로에서 나온 폐기물 같았다. 20억 년 전의 오클로 광산은 자연적인 원자로였던 것이다.

러시아 페테르부르크핵물리연구소와 하버드대학에 재직했던 고(故) 알렉산더 쉴리악터(Alexander Shlyakhter)는 1976년에 자연적인 원자로가 형성되려면 중성자를 붙드는 사마륨(samarium) 원자의 핵이 특정한 상태에 있어야만 한다는 것을 밝혀냈다. 그런데 이 에너지의 크기는 α의 값에 의해 결정된다. 그러므로 미세구조 상수가 조금만 달랐더라면 연쇄반응이 일어날 수가 없다. 그런데 연쇄반응이 일어난다는 사실은 이 상수가 지난 20억 년간 1×10^{-8} 이상은 변한 적이 없다는 사실을 의미한다. (물리학자들 사이에서는 자연적인 원자로가 형성되는 데 필요한 정확한 수치를 놓고 논쟁이 이어졌다.)

1962년 프린스턴대학의 제임스 피블스(P. James E. Peebles)와 로버트 디키(Robert Dicke)가 유사한 법칙을 운석에 적용해보았다. 운석에서 각 동위원소의 방사성 붕괴에 의한 원소 사이의 존재 비율은 α에 의해 결정된다. 가장 크게 영향을 미치는 상수는 레늄(rhenium)이 베타 붕괴를 거쳐 오스뮴(osmium)이 되는 과정과 관련되어 있다. 미네소타대학의 키스 올리브(Keith Olive)와 캐나다 브리티시컬럼비아 주에 있는 빅토리아대학의 맥심 포스펠로프(Maxim Pospelov)의 연구 결과에 따르면, 운석이 만들어졌을 당시에 α는 현재 값과의 차이가 2×10^{-6} 이내였다. 이 결과는 오클로에서 얻어진 결과보다 덜 정확하지만, 시간적으로는 훨씬 오래전인 46억 년 전 태양계가 형성될 때까지 거슬러 올라가는 것이다.

더 오랜 시간 동안의 변화를 알아보려면 우주에서 답을 찾아야 한다. 우주 먼 곳에서 오는 빛이 지구에 도달하기까지는 수십억 년이 걸린다. 이런 빛에는 빛이 발생하던 시기와 지구까지 오는 동안 겪은 물리 법칙과 상수의 흔적이 담겨 있다.

흡수선

1965년 퀘이사(quasar, 준성準星)가 발견되자 천문학은 상수에 관심을 갖기 시작했다. 퀘이사는 지구에서 아주 멀리 떨어진 곳에서 관측되며, 아주 밝은 별처럼 보인다. 퀘이사에서 지구까지의 거리가 엄청나기 때문에 빛은 도중에 생긴 지 얼마 안 되는 은하의 가스로 이루어진 주변부를 통과해야만 한다. 이런 가스층을 통과하면서 특정 주파수의 빛이 가스에 흡수되므로, 퀘이사의 스펙트럼을 분석하면 특정 주파수 대역이 빠져 가는 줄 모양으로 나타난다.*

*흡수선(吸收線, absorption line)이라고 한다.

가스가 빛을 흡수하면 원자 내부의 전자가 낮은 에너지 수준에서 높은 수준으로 옮겨 간다. 에너지 수준은 원자핵이 전자를 얼마나 강하게 붙잡고 있는가에 의해 결정되는데, 이 힘은 원자핵 사이의 전자기적 힘의 세기(결국 미세구조 상수)에 따른다. 빛이 흡수될 때 혹은 빛이 처음 만들어졌을 때 이 상수 값이 지금과 달랐다면 전자의 에너지 수준을 올리는 데 필요한 에너지는 지금 우리가 실험실에서 전자의 에너지 수준을 올릴 때와는 달랐을 것이고, 결과적으로 스펙트럼에서 나타나는 주파수 대역이 달라질 것이다. 빛 파장의 변화는 전자가 어떤 궤도에 있느냐에 따라 다르게 나타난다. α 값의 변화에 따라 어떤 파장은 줄어들고, 어떤 파장은 늘어난다. 이런 결과로 나타나는 스펙트럼의 모양은 측정값을 처리하는 과정에서의 실수로도 나타나기 어려운 복잡한 형태이기 때문에, 스펙트럼을 관찰하면 아주 유용한 결과를 얻을 수 있다.

4-4

연구를 시작하던 11년 전 이전에는 측정하는 데 두 가지 어려움이 있었다. 첫 번째는 충분한 정밀도로 주파수를 측정하기 어려웠다는 점이다. 역설적이지만, 수십 광년 떨어진 퀘이사에서 오는 빛의 주파수 특성에 대해서는 정통한 과학자들이 정작 눈앞에 주어진 스펙트럼을 잘 다룰 줄 몰랐던 것이다. 퀘이사의 빛을 분석하려면 고정밀도의 측정 장비가 필요했으므로 실험물리학자들에게 도움을 구했다. 처음에는 임페리얼칼리지런던의 앤 손(Anne Thorne)과 줄리엣 피커링(Juliet Pickering), 다음으로 스웨덴 룬드(Lund)천문대의 고 스베네릭 요한슨(Sveneric Johansson)과 독일 국립표준기술연구소의 울프 그리스먼(Ulf Griesmann)의 도움을 받았다. 그리고 지금은 독일의 하노버레이저연구센터(LZH)에 재직 중인 라이너 클링(Rainer Kling)의 협조를 받고 있다.

두 번째로 이전에는 이른바 알칼리 이중 흡수선(alkali-doublet absorption lines)이라는 방법(탄소나 규소 같은 가스에 흡수된 빛의 스펙트럼에 흡수선이 쌍으로 나타난다)이 사용되었다는 점이 문제였다. 당시에는 퀘이사의 스펙트럼에 나타나는 흡수선 사이의 간격을 장비를 이용해 측정했다. 이 방법을 쓰면 α 값의 변화가 원자의 에너지 수준이 기저 상태일 때와 그렇지 않을 때의 비율을 변화시킬 뿐 아니라 기저 상태 자체도 바꾼다는 아주 유용한 현상의 이점을 활용할 수가 없다. 이 두 번째 문제의 영향은 첫 번째 문제보다 훨씬 크다. 그래서 관측으로 얻을 수 있는 가장 높은 정밀도는 고작 1×10^{-4}이었다.

1999년 우리 연구팀 중 한 명인 웹(Webb)과 오스트레일리아 뉴사우스웨일스대학의 빅터 플램바움(Victor V. Flambaum)이 두 가지 효과를 모두 고려한 방법을 고안해냈다. 결과는 놀라웠다. 열 배나 정확한 측정이 가능했던 것이다. 게다가 이 방법을 쓰면 다른 종류의 원소(예를 들면 마그네슘이나 철)도 비교가 가능했으므로 실험 결과를 교차 확인할 수도 있었다. 실제로 이 방법을 통해 다양한 원자의 종류에서 주파수가 α에 따라 어떻게 변화하는지를 보려면 복잡한 수치 계산이 필요했다. 최첨단의 망원경과 감지기를 결합한, 여러 스펙트럼 다중선(many-multiplet) 기법이란 이름의 이 새로운 방법은 α의 변화를 이전에는 상상할 수 없던 정밀도로 측정 가능하게 해준다.

생각을 바꿔야

이 프로젝트에 참여할 때, 오래전의 미세구조 상수 값이 지금과 다르지 않았을 것이라고 생각했었다. 우리는 사실 측정의 정밀도를 높였을 뿐이다. 그러나 1999년에 얻어진 첫 결과는 놀랍게도 작지만 통계적으로 충분히 의미가 있는 차이를 나타냈다. 추가적인 자료를 통해서도 이 사실을 확인할 수 있었다. 128개의 퀘이사 흡수선을 분석한 결과, α의 값이 지난 60억~120억 년 동안 평균 6×10^{-6} 정도 증가했다는 사실을 발견했다.

뭔가 특별한 것을 주장하려면 근거도 그럴듯해야 된다. 그래서 혹시 분석에 이용한 수치와 해석에 문제가 없는지를 살펴봤다. 이런 경우에 나타나는 불확실성은 구조적인 것과 불규칙적인 것 두 가지다. 불규칙적(random) 불확실성은 말 그대로 불규칙적인 것이라서 이해하기는 쉽다. 매번의 측정에서 다르게 영향을 미치지만, 측정을 많이 하면 할수록 이 효과의 영향은 0에 가까워진다. 구조적 오차는 이런 식으로 제거되지 않으므로 좀 더 다루기 어렵다. 이 오차는 천문학에서 피할 수 없는 것이다. 실험실에서는 장비의 설치나 사용 방법을 바꿔서 이 오차의 영향을 최소화할 수 있지만, 천문학자들은 처지가 다르다. 천문학자가 우주를 바꿀 수는 없는 노릇이므로, 이들은 관측 수치에 제거할 수 없는 오차가 포함되었으리라는 점을 인정하고 연구에 임한다. 예를 들어 은하를 연구할 때는 밝은 은하가 더 관측하기 쉽기 때문에 관측 결과도 이 은하에 따라 좌우되는 경향이 있다. 이런 요인을 찾아내고 제거하는 일은 언제나 어려운 작업이다.

먼저 살펴본 것은 퀘이사 흡수선을 측정하는 파장 측정 기준(wavelength scale)이 왜곡되지 않았나 하는 점이었다. 이런 왜곡은 퀘이사를 관측하는 망원경에서 얻어진 정보를 스펙트럼 형태로 변환하는 과정에서 일어날 수 있다. 파장 측정 기준을 단순히 선형으로 늘리거나 줄여서는 α의 변화를 제대로 반영할 수 없긴 하지만, 이 방법으로도 결과를 설명하는 데 어려움은 없다. 이런 종류의 문제가 있는지를 파악하기 위해 보정된 퀘이사 측정 자료를 마치 진짜 측정 자료인 것처럼 이용해 분석을 해보았더니, 이 실험은 단순한 왜곡 오차를 상당히 효과적으로 제거하고 있었다.

2년이 넘는 시간 동안 모든 종류의 가능한 바이어스(bias)를* 살펴보고, 그 영향이 아주 미미하다고 판단되는 것 이외에는 모두 하나씩 살펴보았다. 지금까지의 결과로는 단 하나의

*한쪽으로 치우친 오차.

바이어스만 문제가 되는 것으로 보인다. 이 오차는 마그네슘에 의한 흡수선에 영향을 미친다. 마그네슘의 동위원소 중 안정적인 세 가지는 각각 다른 파장의 빛을 흡수하는데, 이 세 파장은 매우 유사해서 퀘이사의 스펙트럼을 분석해보면 이 세 선이 섞여서 보통 한 줄로 보인다. 이 세 가지 동위원소가 상대적으로 많은 경우를 실험실에서 만들어내고 측정한 결과를 바탕으로, 각각의 동위원소가 미치는 영향을 알아내게 되었다. 만약 초기 우주에서 이 세 가지 동위원소의 존재 비율이 크게 달랐다면(은하계에 마그네슘이 분포하도록 만드는 별들이 평균적으로 지금보다 더 컸다면 그랬을 수 있다) 이 실험에서 얻어지는 α의 값이 변화할 터였다.

2003년 러시아 상트페테르부르크 이오페(Ioffe)물리기술연구소의 세르게이 레프샤코프(Sergei Levshakov)가 이끄는 연구팀과 당시 독일 함부르크대학의 랄프 크바스트(Ralf Quast)는 새로 발견된 세 개의 퀘이사를 연구하고 있었다. 2004년 지금은 인도 아리아바타(Aryabhatta)과학연구소에 근무하는 훔 찬드(Hum Chand), 인도의 대학공동 천문 및 천체물리 센터의 라구나탄 스리아난드(Raghunathan Srianand), 파리 천체물리학연구소의 패트릭 페티트진(Patrick Petitjean), 마찬가지로 파리 LERMA의 바스티앙 아라실(Bastien Aracil)이 23개의 추가적인 퀘이사를 조사하고 있었다. 이 중 어느 연구팀도 α 값이 변했다는 증거를 찾지 못했다. 찬드는 지난 60억~100억 년 동안의 α 값 변화는 1×10^{-6} 이하여야만 한다고 주장했다.

이처럼 적은 양의(우리가 이용했던 것과 유사한 품질의 정보만을 비교하면 그렇

다) 정보만으로 어떻게 그런 확신에 찬 답을 내놓을 수 있을까? 그럴 수는 없다. 안타깝지만 찬드의 분석에 중요한 오류가 있다는 것이 밝혀지면서 α가 변할 수 있는 상한선은 좀 더 큰 값으로 변경되었다. 그러나 이 이야기를 전체적으로 보면, 단지 복잡한 분석에 있었던 실수보다는 훨씬 흥미로운 내용이 담겨 있다.

2010년 중반까지 유럽남반구천문대(European Southern Observatory)가 운용하는 초대형망원경(Very Large Telescope, VLT)에서 나온 많은 양의 자료 분석이 완료되어 153개의 새로운 측정값이 얻어졌다. 이전까지는 하와이 마우나케아에 있는 켁망원경(Keck Telescope)에서 얻은 자료를 이용해왔다. VLT에서는 모든 면이 달랐다. 망원경, 분광기(分光器, spectrograph), 검출기와 자료 분석 초기에 이용한 소프트웨어까지 많은 것이 달랐다. 그러므로 이 자료는 켁망원경에서 얻은 자료를 검증하는 데 아주 유용하게 쓰일 수 있었다.

우리 연구팀은 새 자료를 분석해도 α가 전혀 변하지 않는 결과가 나오거나, 켁에서 얻은 자료와 마찬가지 결과(파장이 긴 적색 쪽으로 갈수록 α가 작아지는)가 나오리라고 짐작했다. 그러나 결과는 (맞는다면) 놀라웠고, 물리학에서 가장 근본적인 개념을 뒤흔들 만한 것이었다.

VLT 자료에 의하면 적색 편이(赤色 偏移, redshift)가 될수록 α 값이 작아지는 것이 아니라 오히려 커졌고, 그것도 딱 켁 자료에 의했을 때 작아지는 만큼이었다. 왜 그럴까? 처음 떠오르는 생각은 당연히 양쪽 자료에 뭔가 구조적으로 문제가 있기 때문이 아닐까 하는 것이었다. 켁과 VLT의 자료를 합쳐서 잘

근사화한 뒤에 보자, 적색 편이에도 불구하고 α 값은 변하지 않았다. 해답이 나왔다. 상수는 역시 상수였던 것이다.

하지만 이런 설명이 설득력 있으려면 서로 전혀 관련되지 않은 양쪽 망원경의 구조적 오차가 크기는 같고 부호만 달라야 한다. 물론 이런 일이 불가능하진 않겠지만, 그럴 만한 타당한 이유는 아직까지 찾아내지 못했다.

이상한 점은 또 있었다. 켁 자료는 북반구에서 관측 가능한 우주의 많은 영역을 포함하고 있어서 α가 변하는 것 같은 방향이 어디인지를 짚어낼 수 있었다. 다른 말로 하자면, α가 적색 편이가 아니라 우주에서의 위치에 따라 다른 것 아닐까 하는 것이다. 간단한 분석을 통해 그럴 가능성이 있는 방향을 찾아냈다. 놀랍게도 VLT 자료를 별도로 분석했을 때도 같은 방향이 결과로 얻어졌다. VLT는 칠레에 있기 때문에 평균적으로 켁과는 우주의 매우 다른 부분을 바라보는 망원경이다. 또 다른 우연일까? 어쩌면 그럴 수도 있겠지만, 우연이 두 번이나 일어나다니.

켁에서 이전에 얻어진 자료와 VLT에서 새로 얻은 자료를 합치면 어떤 결과가 얻어질까? 결과는 흥미로우면서도 긍정적이다. 방향에 다른 특성이 두드러진다. 우연 때문에 이런 결과가 나온다고 생각하긴 아주 어렵다. 만약 결과가 잘못된 것이라면, 자료의 일부에 문제가 있기 때문이라고 생각할 수 있다. 이를 염두에 두고, α가 우주 공간의 특정 영역에서 변한다는 특성이 사라질 때까지 자료의 각 항목을 순환적인 방법으로 하나씩 제거해가는 간단한 방법을 만들어냈다. 충분히 납득할 정도로 확률이 낮아지는 수준까지 가려면 전체 자료의 반을 제거해야만 했다! 아마 이것도 오류일 것이다. 많은 노력을 기울였음에도, α와 방향이 관련된 것처럼 관측되는 구조적인 이유를 아직 찾아내지 못했다. α는 우주 공간에서의 위치에 따라 다르게 보인다(아마도 전체 우주 공간 모두에서 그럴 것이다). 시간의 흐름에 따라 α가 변했다 하더라도 현재로서는 우리가 찾아낼 수 있는 수준보다 작은 것이다.

법칙 고치기

아직 많은 연구가 진행되지는 못했지만, 지금까지의 연구 결과가 맞는다면 그 영향은 어마어마하다. 미세구조 상수의 변화가 우주에 미치는 영향을 알아내려는 연구의 결과는 아주 최근까지도 하나같이 만족스럽지 못하다. 지금껏 한 일이라곤 α를 상수로 가정하고 만들어진 수식에 단지 α가 변수일 수도 있다는 가정을 더한 것뿐이다. 그리 좋은 일은 아닌 셈이다. 만약 α의 값이 변한다면, 그 효과는 에너지와 운동량을 보존해야 하고 우주 중력장에 영향을 미쳐야 한다. 1982년 예루살렘 히브리대학의 제이콥 베켄슈타인이 처음으로 값이 변하는 상수를 다루기 위해서 전자기학 법칙들을 일반화했다. 그의 이론은 α를 단순한 숫자에서 스칼라 장(scalar filed)으로 격상시켰다. 그러나 그의 이론은 중력을 포함하고 있지 않다. 10년 전에 우리 연구팀의 일원인 배로(Barrow)가 임페리얼칼리지런던의 주앙 마구에이호, 호바르드 산드빅(Håvard B. Sandvik)과 함께 이 이론에 중력을 포함시켰다.

이 이론이 이끌어내는 결과는 명쾌하다. α가 100만 분의 1 정도 변한다면 우주 팽창에 거의 영향을 미치지 않을 것이다. 왜냐하면 전자기력은 우주적 관점에서 볼 때 중력보다 훨씬 작기 때문이다. 비록 미세구조 상수의 변화가 우주 팽창에 큰 영향을 미치지는 못한다고 해도, 우주 팽창은 α에 영향을 미친다. 전기장 에너지와 자기장 에너지의 불균형이 α의 변화를 초래하는 것이다. 우주 역사의 초기 수만 년 동안, 복사(輻射)가 입자의 대전(帶電)보다 주로 일어나면서 전기장과 자기장의 균형을 유지했다. 우주가 팽창함에 따라 복사는 점차 약해졌고, 여러 물질이 우주의 주요한 구성 성분이 되기 시작한다. 전기와 자기 에너지의 크기가 달라지고 α가 서서히, 시간의 로그(log)에 비례해 증가한다. 약 60억 년 전에 암흑 에너지(dark energy)가 우주 팽창의 역할을 넘겨받으면서 물리적 영향이 우주 전체에 퍼져나가는 것이 어려워졌다. 그러므로 α는 거의 균일한 값을 유지한 것이다.

이 설명은 적색 편이와 α의 변화의 관계가 시간에 따라 달랐을 것이라는, 켁망원경의 관측 자료를 통해 얻어진 결과에 부합한다. 그러나 VLT의 관측 자료는 연구를 혼란에 빠뜨렸다. 켁과 VLT의 자료가 모두 맞고 시간에 따른 변화도 실제로 있었다고 해도, 지금 관측되는 우주 공간에서의 위치에 따른 변화에 비하면 훨씬 작아야만 한다.

이제 시작일 뿐

이론이 의미 있으려면 관측 결과에 부합해야 할 뿐 아니라 뭔가 그럴듯한 예측이 가능해야 한다. 앞의 이론에 따르면, 미세구조 상수가 달라지면 물체에 따라 땅에 떨어지는 속도가 달라야 한다. 갈릴레오는 진공 상태에서는 물체의 구성에 관계없이 어떤 물체건 같은 속도로 떨어질 것이라고 예측했다(약등가 원리弱等価 原理, weak equivalence principle라고 불리며 아폴로 15호의 승무원 데이비드 스콧David Scott이 깃털과 망치가 동시에 달 표면에 떨어지는 것을 보여주면서 유명해졌다). 하지만 α의 값이 변하면 이 법칙은 성립하지 않는다. 변화된 값은 극성을 띤 모든 입자에 영향을 미친다. 원자핵 내에 양자가 더 많을수록 이 힘이 더 크게 작용한다. 퀘이사 관측 결과가 맞는다면 서로 다른 물질의 가속은 1×10^{-14}만큼 달라진다. 실험실에서 관측하려면 이보다 100배는 커야 하지만 STEP(Spacebased Test of the Equivalence Principle)에서라면* 관측이 가능하다.

*일반상대론의 등가 원리를 우주에서 실험하려는 계획.

α를 둘러싼 과학계의 열기는 지금 어떤 상태일까? α가 변하건 안 변하건 사실을 입증할 수 있는 새로운 관측 자료와 분석 결과를 기다리는 중이다. 학자들이 다른 상수를 제쳐두고 α에 집중하는 이유는 단지 α가 변할 때의 효과가 다른 상수의 변화에 비해 더 두드러지기 때문이다. 만약 α가 변할 수 있다면 다른 상수도 그럴 것이고, 자연의 심오한 원리는 우리가 지금껏 상상해오던 것보다 훨씬 더 변덕스러울 것이다.

5

모든 것은 상대적

5-1 시간과 쌍둥이 패러독스

로널드 래스키 Ronald C. Lasky

“시간은 상대적이다”라는 격언이 “시간은 돈이다”만큼 유명하지는 않다. 그러나 시간이 관측자의 속도에 따라서 빨라지거나 느려질 수 있다는 개념은 알베르트 아인슈타인의 많은 업적 중에서도 가장 잘 알려져 있다.

시간 지체(time dilation)라는 어휘는 이동 속도에 따라 시간이 느려지는 것을 표현하기 위해 만들어졌다. 시간 지체 효과를 설명하려고 아인슈타인이 제시한 예(쌍둥이 패러독스)는 상대성 이론과 관련된 사고 실험 중에서도 가장 유명하다. 내용은 이렇다. 쌍둥이 중 한 명이 빛의 속도에 가까운 빠르기로 다른 별까지 갔다가 돌아온다. 상대성 이론에 따르면, 그가 지구에 돌아왔을 때 그는 쌍둥이 형제보다 어리다.

이 패러독스는 “왜 별에 갔다 온 형제가 더 어릴까?”라는 질문을 던진다. 특수상대성 이론에 따르면, 빠른 속도로 이동하는 관측자에게는 시간이 늦게 가는 것으로 보인다. 즉 시간 지체 현상이 일어나는 것이다. (물리학과 학생이라면 대학교 2학년 때 빛의 속도의 특성을 보여주는 사례로 이 문제를 풀어보았을 것이다.) 특수상대성 이론의 관점에서는 절대적 운동이란 존재하지 않으므로, 우주를 여행 중인 형제가 지구에 있는 쌍둥이 형제의 시계를 보아도 더 느리게 갈까? 만약 그렇다면, 쌍둥이의 나이는 같아야 하는 것 아닐까?

이 패러독스를 다룬 책은 수없이 많지만 속 시원하게 답을 낸 책은 거의 없다. 보통은 더 빠른 가속을 느낀 쪽이 더 젊다고 설명한다. 그러므로 우주여행을 다녀온 쌍둥이 형제의 나이가 더 어리다는 것으로 끝을 맺는다. 결과는 맞지만, 설명에는 오해의 여지가 있다. 가속(加速, acceleration) 때문에 나이가 차이 나게 되었다고 오해할 수 있으므로, 이 패러독스를 제대로 설명하려면 비관성(非慣性, noninertial) 혹은 가속 좌표계를 다루는 아인슈타인의 일반상대성 이론이 필요해진다. 그러나 우주를 여행하는 쌍둥이에게 일어난 가속은 부수적인 것이고, 특수상대성 이론만으로도 패러독스를 설명하는 데 무리가 없다.

우주여행의 신비

쌍둥이 형제를 각각 뉴햄프셔 하노버에 사는 집돌이와 떠돌이라고 이름 붙이자. 이 둘은 여행하고자 하는 욕망은 다르지만 빛의 속도의 0.6배(0.6c)로 날 수 있는 우주선을 만들고 싶어하는 마음은 똑같다. 몇 년간 우주선을 개발한 끝에 발사 준비가 완료되었고, 떠돌이가 탑승해서 6광년 떨어진 별로 여행을 떠난다.

우주선은 금방 0.6c의 속도에 다다른다. 이 속도에 다다르려면 2g의 가속도로도 100일 이상이 걸린다. 2g는 중력가속도의 두 배로, 롤러코스터가 급격히 회전할 때 느껴지는 정도의 가속도다. 그러나 떠돌이가 전자(電子, electron)에 올라타고 있다면 1초도 되기 훨씬 전에 0.6c의 속도에 다다른다. 그러니까 이 문제에서 0.6c에 도달하는 속도는 중요한 것이 아니다.

5-1

떠돌이가 길이를 잴 때는 특수상대성 이론의 길이 수축 방정식이 적용된다. 그러므로 집돌이가 보기에 6광년 떨어진 별이, 0.6c의 속도로 움직이고 있는 떠돌이에게는 4.8광년 떨어져 보인다. 결국 떠돌이가 별까지 가는 데는 8년(4.8/0.6)이면 충분하고, 집돌이에게 그 시간은 10년(6/0.6)이 된다. 쌍둥이 패러독스를 풀려면 쌍둥이 각각이 상대방의 시계를 바라볼 때 어떤 일이 일어나는지를 알아야 한다. 둘 모두에게 아주 성능 좋은 쌍안경이 있어서 상대방의 시계를 볼 수 있다고 해보자. 놀랍게도 둘 사이에 빛이 오가는 시간에 초점을 맞춰서 생각해보면 패러독스가 쉽게 설명된다.

떠돌이와 집돌이는 각자의 시계를 떠돌이가 지구를 떠날 때 0에 맞춰둔다. 떠돌이가 별에 도착했을 때, 떠돌이의 시계는 8년을 가리킨다. 그러나 집돌이가 별에 도착한 떠돌이를 볼 때 집돌이의 시계는 16년을 가리킨다. 왜 16년일까? 왜냐하면 집돌이의 관점에서는 우주선이 별까지 가는 데 10년이 걸리고, 떠돌이의 시계를 보여주는 빛이 다시 지구까지 오는 데 추가로 6년이 걸리기 때문이다. 그러므로 집돌이가 망원경을 통해서 보면 떠돌이의 시계는 자신의 시계보다 절반의 속도(8/16)로 가는 것처럼 보인다.

떠돌이가 별에 도착하면 시계는 앞에서 설명한 것처럼 8년을 가리키지만 떠돌이가 보는 집돌이의 시계는 6년(빛이 지구에서 여행자까지 도달하는 시간) 전의 시각인 4년(10-6)을 가리키고 있다. 그러므로 떠돌이에게도 집돌이의 시계가 자신의 시계에 비해 절반(4/8)의 속도로 가는 것으로 보인다.

어려진 쌍둥이 형제

집돌이의 시계는 떠돌이가 별에 있는 것을 집돌이가 볼 때 이미 16년이었으므로, 떠돌이가 지구로 돌아오는 과정을 집돌이가 보면 떠돌이의 시계가 4년 만에 8년에서 16년으로 가는 것으로 보이고, 떠돌이가 지구로 돌아왔을 때는 20년을 가리키게 된다. 그러므로 집돌이가 보기에 떠돌이의 시계는 자신의 시계가 4년 갈 동안에 8년을 가는 것처럼 보인다. 자신의 시계보다 두 배 빠르게 가는 것이다.

떠돌이가 집에 돌아오면 자신의 시계가 8년 가는 동안 집돌이의 시계가 4년에서 20년으로 간 것을 보게 된다. 그러므로 떠돌이에게도 상대방의 시계가 자신의 시계보다 두 배 빠르게 가는 것으로 보인다. 그러나 여행이 끝났을 때 떠돌이의 시계가 16년이고 집돌이의 시계가 20년이라는 것은 둘 다에게 똑같다. 그러므로 떠돌이가 집돌이보다 네 살 어려지는 것이다.

이 패러독스에 비대칭성이 나타나는 것은, 떠돌이는 지구의 기준 좌표계를 벗어났다가 돌아오는 반면에 집돌이는 계속 지구에 머무르기 때문이다. 떠돌이와 집돌이가 매 시점에 보는 떠돌이 시계의 시각은 똑같지만 집돌이의 시계를 볼 때는 다르게 보이는 것도 비대칭성이다. 결국 떠돌이의 행동이 각각의 사건을 결정짓는 것이다.

도플러 효과와 상대성 이론을 함께 이용하면 모든 순간에 대해 이 효과를 수학적으로 말끔히 표현할 수 있다. 읽고자 하는 시계가 가는 속도는, 관측자에게서 멀어지고 있는지 가까워지고 있는지에 따라 달라진다는 점에도 유의해야 한다.

오늘날 쌍둥이 패러독스는 실험적으로 철저히 입증되었기 때문에 단지 이론에 멈추지 않는다. 한 실험에서는, 뮤온(muon)의 붕괴 시간을 통해 시간 지체 현상이 분명히 확인되었다. 움직이지 않는 뮤온의 수명은 약 0.0000022초다. 0.9994c의 속도로 관측자를 지나갈 때, 이 뮤온의 수명은 특수상대성 이론의 예측대로 0.0000635초로 늘어난다. 원자시계를 다양한 속도로 움직이면서 실험을 한 결과, 특수상대성 이론과 쌍둥이 패러독스가 모두 입증되었다. 예컨대 1971년의 유명한 하펠-키팅(Hafele-Keating) 실험에서는 세슘원자시계를 여객기에 싣고 (처음에는 동쪽으로, 그러고는 서쪽으로) 지구 주위를 돌면서 미국 해군성천문대에 설치된 시계와 비교했다.

멀리 갈수록 덜 늙는다

빛의 속도로 다른 별까지 20년에 걸친 여행을 하고 돌아온 떠돌이는 도플러 시간 지체 효과 때문에 지구에 있는 집돌이보다 네 살 어리다.

떠돌이가 별까지 가는 데는 8년이 걸린다(노란색). 떠돌이가 지구를 바라보면 집돌이의 시계가 가리키는 시간이 4년밖에 흐르지 않은 것으로 보인다(초록색). 하지만 집돌이가 별에 있는 떠돌이를 보면 16년이 흐른 것으로 보인다(파란색). 떠돌이가 지구로 돌아오면(빨간색) 집돌이의 시계로는 20년이 흘렀고, 떠돌이의 시계는 16년을 가리킨다. 그러므로 떠돌이가 네 살 어린 셈이 된다. (오렌지색은 20년간 빛이 어떻게 움직였는지를 나타낸다.)

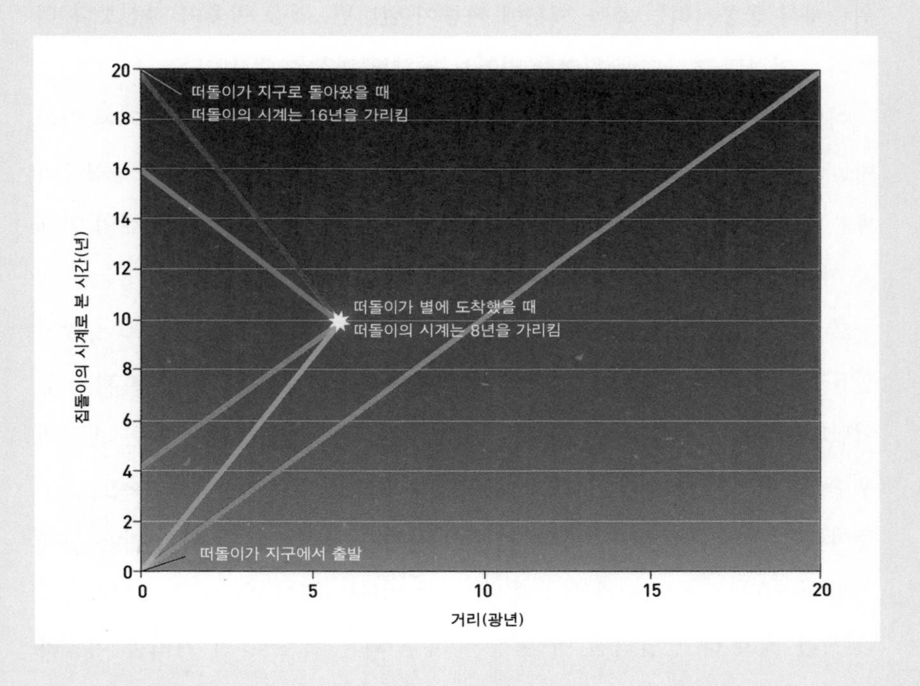

5-2 시간은 어떻게 가는가

존 맷슨 John Matson

위층에서 쿵쿵거리는 소음 때문에 짜증이 난다면, 위층 이웃이 자신보다 더 빨리 늙어간다는 사실에 위안을 얻어보는 것도 괜찮은 생각이다.

아인슈타인의 일반상대성 이론에 의하면, 시계가 받는 중력의 크기에 따라 바늘이 움직이는 속도가 달라진다(고도가 높은 데 있는 시곗바늘은 지구 중심에 가까운 시계보다 빠르게 간다). 다른 말로 하자면 위층에 사는 사람의 시간이 아래층 사람의 시간보다 더 빠르게 간다는 뜻이다.

좀 더 복잡한 상황도 있다. 아인슈타인이 일반상대성 이론보다 10년 앞서 발표한 특수상대성 이론에 따르면, 시계의 운동에 의해서도 비슷한 효과가 일어난다(정지한 시계는 움직이고 있는 시계보다 빠르게 간다). 시계는 빠른 속도의 우주선에서 지구보다 늦게 가기 때문에, 우주선을 타고 아주 빠른 속도로 우주여행을 하고 돌아오면 자신의 쌍둥이 형제가 자신보다 더 나이 많은 상태가 되어 있다는, 유명한 쌍둥이 패러독스는 이 원리에서 비롯되는 것이다.

'시간 지체'라고 알려진 이 현상은 아주 빠른 속도로 먼 거리를 이동하는 다양한 실험을 통해 입증되었다. 세인트루이스 워싱턴대학의 조셉 하펠(Joseph Hafele)과 미국 해군성천문대의 리처드 키팅(Richard Keating)은 1971년에 있었던 역사적인 실험에서, 원자시계를 제트 여객기에 싣고 세계를 돈 뒤 지상에 있던 기준 시계와 시간을 비교해 두 시계의 시간이 상대성 이론이 예측한 만큼 다르다는 것을 확인했다. 그러나 제트기의 속도와 고도에서조차 상대성 원리에 의한 시간 지체 현상은 미미하다(하펠-키팅 실험에서 드러난 시간 차이는 고작 1억 분의 1초에서 수백만 분의 1초 정도였다).

시간 측정 기술이 발달한 덕택에 오늘날에는 이와 유사한 실험을 실험실에서 어렵지 않게 해볼 수 있다. 미국 국립표준기술연구소(NIST) 연구원들은 2010년 9월 24일자 《사이언스(Science)》에 실린 일련의 실험에서, 두 대의 초정밀 광학원자시계 중 하나가 30센티미터 높은 곳에 설치되거나 1초에 10미터의 속도로만 움직여도 두 시계 사이에 시간 차이가 나타나는 것을 확인했다.

물론 이때 나타난 시간 차이는 아주 작다. 높은 곳에 놓인 시계가 낮은 곳의 시계보다 1초 느려지려면 수백만 년이 걸리고, 1초에 몇 미터 정도의 속도로 움직여서 1초가 늦어지려 해도 그 정도 시간 동안은 움직이고 있어야 한다. 그러나 알루미늄 이온을 이용한 광학원자시계가 개발됨에 따라 37억 년에 1초 정도의 오차로 시간을 측정할 수 있게 됨으로써 이처럼 아주 작은 상대성 효과도 관측이 가능해졌다. NIST의 연구원인 제임스 친웬 추의 말이다. "보통 사람들에게는 무의미하겠지만 저희에게는 그렇지 않아요. 분명히 보이거든요."

NIST에서 사용하는 광학시계는 전자파에 갇힌 알루미늄 이온의 양자 상태를 보는 데 레이저를 이용한다. 레이저의 주파수가 딱 맞으면, 레이저는 양자 상태가 전이(轉移, transition)하는 주파수가 아주 일정한 알루미늄 이온과 공진(共振)한다. 알루미늄이 지속적으로 전이하도록 레이저의 주파수를 맞추면 레이저의 주파수는 1.121페타헤르츠(pHz)(1초에 1,121조 회) 근처로 일정하게 유지되며, 이를 마치 추시계의 추처럼 이용할 수 있다. "진동자(이 경우에는 레이저)의 주파수를 아주 안정적인 알루미늄의 전이에 맞춰 고정할 수 있다면 레이저의 파동을 시계의 초침처럼 쓸 수 있는 것이죠." 제임스 친웬 추의 설명이다.

제임스 친웬 추는 이 시계의 성능을 보여주기 위해, 두 대의 시계가 (소음으로 괴롭히는 위층까지도 아니고) 계단 한 칸 높이만큼만 다르게 놓이거나 1초에 몇 미터만 움직여도 시간이 느려지는 것이 측정된다고 말해주었다. "딸아이를 안아서 들어 올리는 정도의 속도예요."

캘리포니아대학 버클리캠퍼스의 홀거 뮐러(Holger Müller)에 따르면, 과거에는 이런 실험을 하려면 실험 장치를 갖고 먼 거리를 빠른 속도로 이동하는 아주 큰 규모의 실험을 해야 했고 시간 계측을 신뢰성 있게 하기도 어려웠다고 한다. "광학시계라는 엄청난 기술 덕택에 실험실에서도 상대성 효과를 볼 수 있는 겁니다."

뮐러는 원자 간섭계(interferometry)를 이용해 상대성 효과를 정밀하게 측정한다. 레이저의 진동이 아니라 개별 원자를 보여주는 양자파(量子波, quantum wave)들 사이의 간섭을 측정하는 것이다. (이런 파동의 주파수는 알루미늄 시계의 주파수인 1,000조 헤르츠보다 수백억 배 높아서 직접 측정하는 것은 불가능하다.) 이는 마치 두 개의 소리굽쇠가 진동할 때 각각의 소리굽쇠에서 나는 소리를 듣는 것이 아니라 간섭으로 인해 일어나는 소리를 듣는 것과 같다. 이처럼 원자 간섭계는 시계 구조가 들어 있지 않은 시계추나 마찬가지여서, 아주 정확히 측정을 할 수는 있지만 시계로 쓸 수는 없다.

"이 방법을 쓰면 일상적인 거리나 속도에서 일반적인 시간 측정용 장비로도 실험이 가능합니다"라고 뮐러가 말을 이었다. "일반상대성 이론과 특수상대성 이론의 효과가 나타나기 때문에, 이제는 상대성 이론을 직접 보고 만져 볼 수 있는 겁니다."

6

시간을 극복하는 방법

6-1 타임머신 제작법

폴 데이비스 Paul Davies

1895년 웰스(H. G. Wells)의 소설 《타임머신(The Time Machine)》이 유명해진 이후로, 시간 여행은 공상과학소설에서 인기 있는 주제였다. 그런데 시간 여행이 과연 가능하긴 할까? 우리를 미래나 과거로 보낼 수 있는 기계를 만드는 것이 과연 가능할까?

시간 여행은 주류 과학계에서 수십 년간 논외의 대상이었다. 그러나 최근 들어 이론물리학자들 사이에서 조금씩 주목을 끌고 있다. 시간 여행은 좋은 생각 거리이기 때문에, 재미로 시작한 측면도 있긴 하다. 그러나 진지한 면도 분명히 있다. 원인과 결과 사이의 관계를 이해하는 것이 통일 이론(unified theory of physics)을 만들어나가는 데 있어 핵심적이기도 하다. 완벽한 시간 여행이 이론상으로라도 가능하다면, 통일 이론은 커다란 전기를 맞게 될 것이다.

우리가 알고 있는 한, 시간에 대해서는 알베르트 아인슈타인의 상대성 이론이 가장 잘 설명하고 있다. 이 이론이 나타나기 전까지 시간은 우주 어디에서나 동일하고, 어떤 상황에서든 누구에게나 똑같은 모습이라고 여겨졌다. 아인슈타인은 특수상대성 이론에서, 두 사건 사이의 시간 간격은 관측자가 어떻게 움직이고 있는가에 따라 달라진다고 설명했다. 결국 두 관측자의 움직임이 크게 다를수록 각자가 보는 두 사건 사이의 간격은 크게 차이 나게 된다.

이 현상은 종종 '쌍둥이 패러독스'라고 불린다. 쌍둥이 남매 샐리와 샘이 있다고 해보자. 샐리가 우주선을 타고 빠른 속도로 근처 별까지 갔다가 지구로 돌아오고, 샘은 그동안 집에 머문다. 샐리에게 비행시간이 1년이었다면, 집으로 돌아왔을 때 지구에서는 이미 10년이 흘러 있었다. 샘이 샐리보다 아홉 살이나 더 먹은 것이다. 둘은 같은 날 태어났지만 이제 더 이상 동갑이 아니다. 이 이야기는 시간 여행을 통해 나타날 수 있는 사례 중 하나에 불과하다. 그런데 실질적으로는 샐리가 9년 뒤 지구의 미래로 뛰어간 것과 마찬가지다.

시차

시간 지체(time dilation) 현상은 두 관측자가 상대방에 대해서 움직이고 있을 때 나타난다. 이 현상은 움직임이 빛의 속도에 가까울 때에만 두드러지기 때문에 일상에서 이런 신기한 현상을 느낄 일은 없다. 비행기를 타고 빠른 속도로 먼 거리를 이동해도 시간 지체는 (웰스의 소설에 나오는 시간 여행을 하기에는 턱도 없는) 10억 분의 1초 수준에 머무른다. 그러나 원자시계는 이 정도의 시간 지체도 측정해낸다. 그러므로 미래로의 여행은 비록 아주 먼 미래로가 아니라서 그렇지, 실현 가능하다는 사실이 이미 입증된 셈이다.

진짜 그럴듯한 정도로 시간을 앞질러 가려면, 일상적인 경험의 세계를 뛰어넘는 관점이 필요하다. 원자를 구성하는 입자들은 대형 가속기를 이용할 경우 거의 빛의 속도에 가깝게 가속시킬 수 있다. 뮤온 같은 입자는 뚜렷한 반감기를 갖기 때문에 내부에 무언가 시간을 측정하는 기능이 들어 있다고 봐야 된다. 아인슈타인의 이론에 따르면, 가속기 안에서 고속으로 움직이는 뮤온 내부에서는 붕괴가 느리게 진행되어야 한다. 이처럼 시간을 건너뛰는 현상은 일부 우주선(cosmic ray)에서도 나타난다. 이 입자들은 빛의 속도에 가깝게 움직이므로, 입자의 관점에서 보면 지구에서 볼 때 수만 광년 크기의 은하를 통과하는 데 몇 분밖에 걸리지 않는다. 시간 지체가 일어나지 않는다면 그런 입자들은 결코 지구까지 도달하지 못했을 것이다.

속도는 시간을 앞질러 가는 방법 가운데 하나다. 중력도 있다. 아인슈타인은 일반상대성 이론에서 중력이 시간을 느리게 가게 만든다고 예측했다. 다락방에 있는 시계는 지하실에 있는 시계보다 약간 빠르게 간다. 지하실은 지구 중심에 더 가까워 중력장의 중심부에 더 가깝기 때문이다. 물론 효과는 여전히 아주 작지만, 아주 정밀한 시계를 이용하면 측정이 가능한 수준이다. 실제로 위성 항법 시스템(Global Positioning System, GPS)에서는 이런 효과가 고려되어 있다.* 그렇지 않았다면 선박이나 택시는 물론이고 순항 미사일도 목표에서 몇 킬로미터씩 벗어났을 것이다.

*GPS 위성에는 원자시계가 탑재되어 있고, 위성은 빠른 속도로 지구 주위를 공전한다.

중성자성(中性子星, neutron star) 표면에서는 중력이 너무 강해 시간이 지구보다 30퍼센트 정도 느리게 간다. 그런 별에서 지구를 바라본다면, 지구에서 일어나는 일은 마치 비디오를 빨리 감을 때 보이는 영상 같을 것이다. 블랙홀은 시간 건너뛰기의 가장 극단적인 사례를 보여준다. 블랙홀 표면에서는 시간이 지구에 비하면 거의 정지한 상태다. 만약 블랙홀 근처에서 블랙홀로 빨려 들어간다면, 그 짧은 시간 동안에 우주의 모든 역사가 지나갈 것이다. 그러므로 블랙홀 내부는, 외부 세계와 연결해서 생각한다면, 시간의 끝을 넘어선 곳이다. 만약 (그저 상상이고 생각만 해도 무모한 일이지만) 블랙홀 근처에 아주 가까이 갔다가 무사히 돌아올 수 있다면 엄청나게 미래로 건너뛸 수 있다.

빙글빙글

지금까지 한 이야기는 시간을 앞질러 가는 것에 관한 내용이다. 그럼 과거로는? 과거로 가는 일은 훨씬 곤란하다. 1948년에 뉴저지 주 프린스턴고등연구소의 쿠르트 괴델(Kurt Gödel)이 우주의 회전을 담고 있는 아인슈타인의 중력장 방정식의 답을 구했다. 이런 우주에서는 우주를 가로지르면 과거로 갈 수 있다. 이것이 가능한 것은 중력이 빛에 영향을 미치기 때문이다. 우주의 회전이 우주 주변 빛의 진행을 (결과적으로 물체 사이의 인과관계를) 막아서, 물체가 빛의 속도보다 빠르지 않더라도 우주 공간에서 닫힌 경로(closed loop)를* 따라 움직이면, 시간도 마찬가지로 미래로 가면 현재로 돌아오는 닫힌 경로를 따라 흐르게 된다. 괴델의 연구 결과는 수학적 관점에서 흥미를 끄는 데 그쳤다. 사실 어떤 관측 자료에서도 우주가 돌고 있는 것으로는 보이지 않았다. 어쨌거나 이 결과는 과거로 돌아가는 것이 상대성 이론에 의해 불가능하지는 않다는 이론적 근거로 받아들여졌다. 하지만 아인슈타인이 자신의 이론이 어떤 특정 상황에서는 과거로 가는 것을 가능하게 만들까봐 걱정했던 것도 사실이다.

*지표면처럼 앞으로 직진하면 출발점으로 돌아오는 경로.

6-1

과거로의 시간 여행이 가능하다는 것을 보여주는 다른 이론도 있다. 1974년 툴레인대학의 프랭크 티플러(Frank J. Tipler)는 아주 커다란, 길이가 무한대인 원통이 빛에 가까운 속도로 회전하고 있다면 원통 주변에서 빛이 맴돌고 있기 때문에 과거로의 여행이 가능하다는 것을 계산으로 보여주었다. 1991년 프린스턴대학의 리처드 고트(J. Richard Gott)는 (우주론자들이 빅뱅 때 만들어진 것이라고 생각하는) 우주 끈(cosmic string)도 유사한 결과를 보일 것으로 예측했다. 그리고 1980년대 중반에 웜홀(wormhole) 개념을 기반으로 하는, 타임머신에 대한 나름 가장 현실성 있는 아이디어가 나타났다.

공상과학소설에서 웜홀은 스타게이트(stargate)라고도 불린다. 웜홀은 우주 공간에서 멀리 떨어진 두 곳을 연결하는 지름길 같은 것이다. 가상의 웜홀에 뛰어들면 곧바로 은하의 다른 쪽에서 튀어나올 수 있다. 웜홀은 중력이 시간과 공간을 휘게 한다는 일반상대성 이론에 자연스럽게 부합한다. 상대성 이론은 우주의 두 점을 잇는 터널이나 경로의 존재를 부정하지 않는다. 수학자들은 이런 공간을 복합적으로 연결된(multiply connected) 공간이라고 부른다. 산을 타고 넘는 길보다 가로지르는 터널이 지름길이듯, 웜홀은 우주 공간을 따라서 지나가는 경로보다 지름길인 것이다.

웜홀은 칼 세이건(Carl Sagan)의 소설 《콘택트(Contact)》에서 유용한 소재로 쓰였다. 킵 손(Kip S. Thorne)을 비롯한 캘리포니아공과대학의 연구진은 세이건에게 자극을 받아, 웜홀이 기존의 물리학과 배치되지 않는지를 검토해보았다. 처음에는 웜홀이 블랙홀처럼 어마어마한 중력을 갖고 있지 않을까 생각했다. 그러나 한번 들어가면 나올 수 없는 블랙홀과는 달리 웜홀에는 입구와 출구가 모두 있다.

웜홀을 지나

웜홀을 횡단하는 것이 가능하려면 킵 손이 특별한 물질(exotic matter)이라고 부르는 물질이 웜홀에 있어야만 한다. 이 물질은 거대한 물체가 자체 질량에 의해 안쪽으로 수축하면서 블랙홀이 되는 자연적인 움직임에 반하는 반(反)중력을 만들어내는 것이어야 한다. 반중력 혹은 중력 반발은 음의 에너지나 압력에 의해 만들어질 수 있다. 음의 에너지 상태는 일부 양자 시스템에서 존재하는 것이 알려져 있으므로, 비록 음의 에너지가 웜홀을 가능하게 할 정도로 충분한 반중력 물질을 형성할 수 있을지는 분명치 않아도 어쨌든 킵 손의 이론이 물리 법칙에 위배되는 것은 아니다.

머지않아 킵 손의 연구팀은 웜홀이 만들어질 수 있다면 이것이 곧 타임머신이라는 사실을 깨달았다. 웜홀을 통과하면 우주 어딘가로 나올 뿐 아니라 어떤 시간으로도 나올 수 있는 것이다. 그것도 미래 또는 과거로.

시간 여행에 웜홀을 이용하려면 입구 중 하나가 중성자성에 끌리면서 중성자별 표면에 위치해야 한다. 별의 중력이 웜홀 입구 주변에서 시간이 느려지도록 만들기 때문에, 웜홀 출구와의 시간 차이는 점차 누적된다. 만약 입구와 출구가 우주 공간에서 적절한 위치에 놓여 있다면 이런 시간 차이는 고정된 상태로 유지될 것이다.

시간 차이가 10년이라고 해보자. 우주 비행사가 웜홀을 한 방향으로 지나가면 10년 미래로 가고, 반대 방향으로 가는 또 다른 우주 비행사는 10년 과거로 가게 된다. 두 번째 우주 비행사가 웜홀이 아닌 일반 우주 공간을 통해 빠른 속도로 출발점으로 돌아간다면 자신이 출발했을 때보다 이전에 도착할 수 있다. 즉 닫힌(closed loop) 우주는 시간적으로도 닫혀 있다는 뜻이다. 한 가지 제약 조건이라면 웜홀이 처음 만들어진 시간보다 이전으로 돌아갈 수는 없다는 것이다.

웜홀을 이용한 타임머신에서 진짜로 어려운 문제는 웜홀 자체를 만들어내는 일이다. 어쩌면 우주는 이미 자연적으로 (빅뱅의 유적이라고 할 수 있는) 그런 구조로 만들어져 있을지도 모른다. 그럼 문명이 엄청나게 발전할 경우 웜홀을 이용하게 될 수도 있다. 동시에 원자핵의 10^{-20}분의 1 크기인 플랑크 길이 정도로 작은 웜홀이 만들어질 수도 있다. 원론적으로 그런 작은 웜홀은 작은 에너지만으로도 유지할 수 있으며, 적절히 사용할 만한 크기로 부풀릴 수도 있다.

그건 안 돼!

공학적 난관이 해결된다고 치면, 타임머신은 인과관계의 패러독스라는 판도라의 상자를 여는 것이나 다름없다. 예를 들어 과거를 여행하는 시간 여행자가 자신의 어머니가 어렸을 때로 가서 아직 소녀인 어머니를 살해하는 경우를 생각해보자. 논리적으로 이해가 가능한 상황일까? 소녀가 죽는다면 시간 여행자는 존재할 수가 없다. 시간 여행자가 태어나지 않았다면 과거로의 여행 또한 불가능한 것이다.

이런 종류의 역설은 과거로 시간 여행을 할 때 항상 문제가 되고, 당연히 불가능하다. 하지만 여전히 누군가가 과거의 일부가 되는 것은 가능하다. 시간 여행자가 과거로 가서 소녀를 구해냈고, 이 소녀가 자라서 그의 어머니가 된다고 가정해보자. 인과관계를 살펴볼 때 논리적으로 아무런 문제가 없다. 인과관계가 유지되어야 한다는 사실은 시간 여행자가 할 수 있는 일에 제한을 두긴 하지만 시간 여행 자체를 부정하는 것은 아니다.

시간 여행이 논리적으로 역설적이 아니라고 해도, 오묘한 것임에는 분명하다. 1년 뒤의 미래로 시간 여행을 간 시간 여행자가 미래의 《사이언티픽 아메리칸》에서 새로운 수학 정리를 보았다고 해보자. 본 것을 꼼꼼히 기록하고 원래의 시간으로 돌아와서 그 내용을 학생들에게 가르치고, 한 학생이 그 내용을 《사이언티픽 아메리칸》에 게재한다. 실린 글은 시간 여행자가 봤던 바로 그 내용이다. 이제 이런 질문을 던질 수 있을 것이다. 그 정리에 대한 정보는 어디에서 온 것인가? 시간 여행자는 미래에서 본 것을 적어 왔을 뿐이니 그가 생각해낸 것은 물론 아니다. 학생은 시간 여행자에게서 배운 것이니 학생 역시 그 내용을 만들어낸 사람이 아니다. 어디선가 아무런 이유 없이 갑자기 정보가 튀어나온 셈이다.

시간 여행의 이런 이상한 결과 때문에 일부 과학자들은 시간 여행이란 개념 자체를 부정한다. 케임브리지대학의 스티븐 호킹은 '연대 보호 추론(年代

6-1

保護 推論, chronology protection conjecture)'이라는, 순환 인과관계(循環 因果關係, causal loop)를 깰 정도의 시간 여행은 물리 법칙에 의해 금지된다는 개념을 제시했다. 그러나 상대성 이론에서 순환 인과관계가 받아들여지고 있기 때문에 과거로의 시간 여행을 금지하는 호킹의 이론이 성립하려면 뭔가 다른 요소가 추가되어야만 한다. 이런 요소는 어떤 것들일까? 양자의 움직임(quantum process)이 그중 하나일 수 있다. 타임머신이 존재한다면 입자는 자신의 과거 상태로 돌아갈 수 있다. 계산에 의하면 스스로 방해 작용이 강해져서 웜홀 자체가 무너질 정도의 에너지가 발생할 가능성이 존재한다.

연대 보호 개념은 아직 추론에 머물고 있으므로 시간 여행이 완전히 물리학적으로 부정되고 있는 것은 아니다. 최종적인 답은 양자역학과 중력이 성공적으로 통합될 때, 아마도 끈 이론이나 끈 이론의 확장판인 M-이론을 이용해야만 얻어질 것이다. 차세대 입자가속기(스위스 제네바 근교의 CERN에 설치되어 2014년에 정상 운용될 예정인 강입자충돌기Large Hadron Collider)가 시공간 자체를 뚫어서 주변 입자들이 순환 인과관계를 형성할 정도의 웜홀을 만들어낼지도 모를 일이다. 이는 웰스가 생각했던 타임머신과는 전혀 다른 모습이지만, 정말로 일어난다면 현실이라는 관념에 대한 우리의 인식을 송두리째 바꿔버릴 것이다.

7

시간의 시작과 끝

7-1 시간이 시작되었을 때

가브리엘레 베네치아노 Gabriele Veneziano

정말 빅뱅 때 시간이 시작되었을까, 아니면 우주는 그 이전에도 존재했을까? 이런 질문은 불과 10년 전만 해도 당찮은 말이었다. 대부분 우주론자들은 이 질문이 그야말로 말이 되지 않는다고 여겼다. 빅뱅 이전의 시간을 생각하는 것은 마치 북극에서 북쪽이 어디냐고 묻는 것과 마찬가지라는 것이다. 그러나 이론물리학의 발전에 힘입어, 특히 끈 이론의 부상과 함께 관점이 바뀌기 시작했다. 빅뱅 이전의 우주가 우주론자들의 최신 관심 분야가 된 것이다.

빅뱅 이전에 어떤 일이 있었는지를 알려는 시도는 지난 1,000년간 부침을 반복했던 지적 호기심의 최신 유행이라고 할 수 있다. 형태는 달랐지만 '모든 것의 시작이 언제였을까' 하는 질문은 철학자와 신학자들에게 항상 주요한 궁금증이었다. 이 질문은 거의 모든 분야에 영향을 미쳤고, 폴 고갱(Paul Gauguin)의 1897년 작품 〈우리는 어디에서 왔는가? 우리는 누구인가? 우리는 어디로 갈 것인가?(D'ou venons-nous? Que sommes-nous? Ou allons-nous?)〉에도 멋지게 담겨 있다. 이 작품은 탄생, 삶, 죽음의 순환(기원, 정체성, 숙명)을 묘사하고 있으며, 이런 개인적 문제들은 우주적인 것들과도 직접적으로 연결된다. 혈통을 찾아 가계를 거슬러 올라가면 인간 이전의 동물을 만나고, 생명체의 초기 형태와 원시 생명체가 나타나며, 태고의 우주에서 합성된 물질에, 그 이전의 우주에 존재하던 불분명한 형태의 에너지에 도달하게 된다. 우리의 가계도에는 정말 끝이 없을까? 아니면 어디인가에는 그 기원이 있을까? 우주도 우리처럼 영원하지 못한 존재일까?

고대 그리스인들은 시간의 기원에 대해 날카로운 논쟁을 벌였다. 아리스토텔레스는 시간의 시작이란 존재하지 않는다는 편에 섰으며, 무(無)에서는 아무것도 만들어지지 않는다는 법칙을 주장했다. 우주가 무(無)에서 유(有)로 바뀐 것이 아니라면, 우주는 원래부터 존재하던 것이어야 한다. 이를 비롯한 다른 이유를 들어, 시간은 과거와 미래로 무한히 펼쳐져 있는 것이라고 여겼다. 기독교 신학자들은 상반되는 생각을 갖고 있었다. 아우구스티누스는 신은 시간과 공간 밖에 존재하며, 이런 구조와 존재물을 신이 원하는 대로 만들어낼 수 있다고 주장했다. "신은 세상을 창조하기 전에 무엇을 하고 있었는가?"라는 질문에 대해 아우구스티누스는 "시간도 신의 창조물 중 하나일 뿐이고, 그 이전이란 것은 존재하지 않는다!"라고 답했다.

아인슈타인의 상대성 이론은 현대의 우주론자들도 이와 유사한 결론에 다다르게 만든다. 이 이론에 따르면, 공간과 시간은 부드러운 것이어서 얼마든지 변형될 수 있다. 아주 커다란 관점에서 보자면 우주는 태생적으로 동적이고, 시간이 흐름에 따라 팽창하기도 수축하기도 하며, 마치 파도처럼 물질을 이리저리로 움직이는 존재다. 1920년대의 천문학자들은 우주가 팽창하고 있다는 사실을 확인했다. 멀리 떨어진 은하들은 점점 더 멀어지고 있다. 그 결과, 스티븐 호킹이나 로저 펜로즈 같은 물리학자들이 1960년대에 입증했듯이, 무한한 과거란 존재할 수 없게 되었다. 우주의 역사를 거슬러 올라가면, 모든 은하가 특이점(特異點, singularity)이라고 불리는 하나의 작은 점으로 모여들어서 하나의 블랙홀이나 마찬가지가 된다. 각각의 은하는 모두 크기가 0인 점으로 수축된다. 밀도, 온도, 시공간의 휨 같은 값은 무한대가 된다. 특이점은 우주의 이전(以前)이 존재할 수 없는, 궁극의 격변이 일어나는 곳인 것이다.

이 이론에 따르면 특이점을 피할 수 없는데, 이는 우주론자들에게 곤란한 문제를 던진다. 특히 특이점은 우주가 전체적인 관점에서 보여주는 균질성(均質性, homogeneity)과 등방성(等方性, isotropy)을 갖는다고 전제한다. 우주가 전체적으로 어디에서나 성질이 유사하려면 우주 공간의 먼 곳끼리도 어떤 형태로든 서로의 성질을 조절하기 위해 적절한 교류 수단이 있어야 한다. 그러나 이런 교류의 존재는 우주론자들이 생각하는 체계와 어긋난다.

신기한 우연

좀 더 구체적으로, 우주 마이크로파 배경복사(cosmic microwave background radiation)가 시작된 이후 137억 년 동안 어떤 일이 일어났는지를 생각해보자. 은하들 사이의 거리가 대략 1,000배(팽창 때문에) 멀어지는 동안 관측 가능한 우주의 크기는 이보다 훨씬 큰 10만 배(빛은 팽창 속도보다 훨씬 빠르므로)나 늘어났다. 지금 우리가 보는 우주 중에는 137억 년 전에는 보이지 않던 부분도 있다. 사실 엄밀히 말하면, 가장 먼 곳에서 온 빛이 우리 은하계(Milky Way)에 도달한 것은 지금이 처음이다.

그럼에도 우리 은하계의 속성은 기본적으로 외부 은하계와 동일하다. 파티에 갔더니 열 명도 넘는 친구들이 나와 같은 옷을 입고 온 경우와 마찬가지다. 만약 딱 한 명만 나와 똑같은 옷을 입었다면 우연이라고 하겠지만, 열 명 넘는 친구들이 똑같은 옷을 입었다면 파티에 가기 전부터 약속을 했다는 의미일 수 있다. 우주론에서는 이 숫자가 10이 아니라 수만(마이크로파 배경복사를 통해 우주를 구역별로 관측했을 때 통계적 관점에서 동일한 성질을 갖는 구역의 수)에 이른다.

가능한 설명 중 하나는 우주의 모든 구역이 탄생할 때부터 동일한 성질을 갖고 있었다는 것이다. 다른 말로 하자면, 균질성이 그저 우연일 뿐이라는 뜻이다. 그러나 물리학자들은 이 문제를 설명할 보다 자연스러운 방법 두 가지를 생각해냈다. 초기 우주는 지금의 우주론이 생각하는 것보다 훨씬 작았거나 훨씬 오래되었고, 이 두 가지 (각각 또는 함께, 아니면 상호작용을 하면서) 조건 때문에 교류가 가능할 수 있었다는 것이다.

보통 첫 번째 설명이 많이 쓰인다. 이 이론은 우주 역사의 초기에 우주의 팽창이 가속되는 급팽창(inflation) 시기가 있었다고 상정한다. 이 시기 전에는 은하나 은하가 되기 전의 존재들이 워낙 근접해서 압축되어 있었기 때문에 서로 성질이 비슷해질 수 있었다는 것이다. 급팽창 시기에는 은하들이 멀어지는 속도가 워낙 빨라서 빛조차도 이를 따라잡을 수 없을 정도였고, 은하들 사이의 거리는 엄청나게 멀어졌다. 이 시기가 지난 뒤에는 팽창의 가속도가 감소해 각각의 은하는 각자 고유의 성질을 갖게 된다는 설명이다.

물리학자들은 이런 급팽창이 양자장(量子場, quantum field)에 저장되어 있던 잠재적인 퍼텐셜에너지(potential energy)가 빅뱅 이후 10^{-35}초 만에 뿜어져 나왔기 때문이라고 생각한다. 퍼텐셜에너지는 질량이나 운동에너지와는 달리 중력의 반발을 일으킨다. 급팽창은 일반적인 물질의 중력처럼 우주의 팽창 속도를 줄이지 않고, 우주의 팽창 속도를 가속시켰다. 1981년에 제시된 급팽창 개념에 따르면 다양한 관측 결과를 정확히 설명할 수 있다. 물론 아직 급팽창이 정확히 무엇이며, 급팽창을 일으킬 만큼의 엄청난 초기 퍼텐셜에너지가 과연 어디서 비롯되었는가 하는 몇 가지 이론적 문제점이 남아 있긴 하다.

두 번째 설명은 이보다는 덜 일반적인데, 특이점을 없애는 데서 출발한다. 시간이 빅뱅 때 시작된 것이 아니라면, 다시 말해 지금의 팽창하는 우주 이전에 이미 시간이 존재했다면, 모든 물질의 성질이 고르게 분포할 만한 시간이 충분했을 것이다. 이제 물리학자들은 특이점이라는 개념을 다시 한 번 검토하기 시작했다.

상대성 이론은 항상 옳다는 가정도 의문의 대상이 되었다. 특이점 못지않게 양자 효과도 아주 중요하고, 생각하기에 따라서는 이 효과가 지배적이어야 한다. 그런데 상대성 이론은 이 효과를 설명하지 못하므로, 특이점의 개념을 불가피하게 받아들이는 것은 무조건 상대성 이론을 신뢰하는 것과 다름없다는 결론에 이른다. 실제로 어떤 일이 일어났었는지를 알아내기 위해 물리학자들은 상대성 이론을 양자중력 이론에 포함시킬 필요가 있는 것이다. 이 과제는 알베르트 아인슈타인 이후의 모든 이론물리학자에게 가장 커다란 목표였지만, 1980년대 중반까지도 성과는 지지부진했다.

혁신적 이론

오늘날에는 두 가지 접근 방법이 존재한다. 하나는 루프양자중력(loop quantum gravity)이라는 이름을 갖고 있으며, 기본적으로 아인슈타인의 이론을 건드리지 않으면서 양자역학에 적용하는 방법만을 변경한 것이다. 이 이론은 엄청난 발전을 이루었고, 지난 몇 년간 이 이론을 통해 우주에 대한 깊은 통찰도 얻어졌다. 그러나 이 방법은 중력을 양자로 바라보는 접근법의 기본적 문제점을 해결하는 데 있어 충분히 혁명적이라고는 할 수 없다. 입자물리학자들은 1934년 엔리코 페르미(Enrico Fermi)가 약한 핵력 이론을 제시한 뒤에도 유사한 문제에 봉착했었다. 페르미의 이론을 양자역학적으로 설명하려는 시도는 모두 실패했다. 단순히 새로운 기법이 필요했던 것이 아니라, 1960년대 말 셸던 글래쇼(Sheldon L. Glashow), 스티븐 와인버그(Steven Weinberg)와 압두스 살람(Abdus Salam)이 제시한 전기·약작용(電氣弱作用, electroweak) 이론처럼 대담한 변형이 필요했던 것이다.

필자가 보기에 좀 더 가능성 있는 두 번째 접근 방법은 (아인슈타인 이론을 진정 혁명적으로 변경하는) 끈 이론이다. 비록 끈 이론의 경쟁 이론인 루프양자중력 이론도 많은 부분에서 같은 결론에 이르긴 하지만, 이 글은 끈 이론에 초점을 맞출 것이다.

끈 이론은 필자가 1968년 양성자나 중성자 같은 핵입자와 입자들 간의 상호작용을 표현하기 위해 만든 모형(模型, model)에서 비롯되었다. 처음에 이 모형을 만든 뒤에 기대가 컸지만, 결과는 실패였다. 몇 년 뒤에는 핵입자를 쿼

7-1

크(quark) 같은 보다 기본적인 요소의 결합체로 바라보는 양자색역학(量子色力學, quantum chromodynamics)에게 자리를 내주었다. 쿼크는 마치 탄성이 있는 스프링으로 연결된 것과 같은 상태로 양성자나 중성자 내부에 존재한다. 돌이켜보면, 최초의 끈 이론에는 이런 식으로 핵을 끈으로 연결한 개념이 이미 들어 있었다. 단지 시간이 지난 뒤에 일반상대성 이론과 양자론을 통합하기 위해 다시 꺼내 들었을 뿐이다.

기본 아이디어는 근본적인 입자들을 점이 아니라 무한히 얇은 1차원적 물체인 끈(string)으로 보는 데 있다. 기본 입자들이 각각의 고유 특성을 모두 유지한 상태에서, 각각의 끈이 다양한 형태로 진동하고 있는 것을 상상해보자. 이런 단순한 이론이 어떻게 입자를, 그리고 입자들 사이의 상호작용을 표현할 수 있을까? 답은 양자 끈의 마술(quantum string magic)이라는 현상에서 찾을 수 있다. 양자역학 법칙이 진동하는 끈에 적용되면(진동이 빛의 속도로 전달되는 작은 모형 바이올린이라고 생각하면 된다) 새로운 특성이 나타난다. 그리고 이 모든 특성은 입자물리학과 우주론에서 심오한 의미를 지닌다.

첫 번째, 양자 끈은 크기가 유한하다. 양자 효과가 아니었다면 바이올린 현은 반으로 쪼개지고 또 쪼개지고를 무한히 반복해, 결국에는 질량이 없는 점과 같은 입자에 다다를 것이다. 그러나 어느 순간엔가는 하이젠베르크의 불확정성의 원리가 적용되기 때문에 가장 짧은 현의 길이도 10^{-34}미터보다는 짧아질 수 없다. 끈 이론에 의하면 양자가 가질 수 있는 최소의 길이 l_s는 빛의 속도 c, 플라크 상수 h와 더불어 자연에서 비롯되는 또 하나의 상수다. 이 상수의 값은 이 값이 아니었다면 값이 0이나 무한대가 되었을 다른 많은 값에 유한한 한계로 작용하면서, 끈 이론의 거의 모든 부분에서 핵심 역할을 한다.

두 번째, 양자 끈은 질량은 없을지언정 각운동량(角運動量, angular momentum)을 가질 수 있다. 고전물리학에서 각운동량은 어떤 축을 중심으로 회전하는 물체가 갖는 값이다. 각운동량은 속도, 질량, 축에서의 거리를 곱해서 얻어진다. 그러므로 질량이 없는 물체는 각운동량을 가질 수 없다. 그러나 양자의 세계에서는 양자 요동(量子 搖動, quantum fluctuation) 때문에 상황이 달라진다. 끈은 질량이 없음에도 h의 두 배에 이르는 각운동량을 가질 수 있다. 이 특성은 광자(전자기력 매개 입자)나 중력자(중력 매개 입자)처럼 물리학의 기본적인 힘을 전달하는 모든 요소에 정확히 들어맞기 때문에 굉장히 중요하다. 역사적으로 각운동량은 물리학자들이 끈 이론이 양자중력 이론의 결과에 이르게 만든 단초를 제공한 셈이다.

세 번째, 양자 끈 이론이 성립하려면 3차원 공간에 더해서 추가적인 차원이 있어야 한다. 바이올린의 현은 시간과 공간의 특성에 관계없이 진동하지만, 양자 끈은 훨씬 까다롭다. 시공간이 아주 많이 휘어 있거나(관측 결과와는 배치된다) 여섯 개의 추가적 차원이 존재하지 않으면 진동 방정식이 성립하지 않는다.

네 번째, (물리학 방정식에서 흔히 볼 수 있는, 자연의 특성을 나타내는 뉴튼의 상수와 쿨롱Coulomb의 상수 같은) 물리학적 상수들이 더 이상 임의의 고정된 값을 갖지 않는다. 이런 상수들은 끈 이론에서 전자기장(電磁氣場) 같은 (값이 급격하게 변화할 수 있는) 장(field)으로 표현된다. 각각의 장은 우주적으로 다른 시기, 우주 공간에서 서로 멀리 떨어진 곳에서 다른 값을 가질 수 있다. 사실 오늘날 물리학에서 '상수'라고 부르는 것의 값들도 조금씩이지만 변할 수 있다. 상수 값의 변화가 관측된다면 끈 이론에는 엄청난 힘이 될 것이다.

그중에서도 딜라톤(dilaton)이라는 장은 끈 이론에서 결정적인 역할을 한다. 이것이 모든 상호작용의 힘을 결정하는 것이다. 끈 이론을 연구하는 물리학자들은 딜라톤의 값을 공간에 추가된 차원의 크기로 볼 수 있다는 사실 때문에 흥분했다. 결과적으로 시공간에 열한 개의 차원이 만들어졌다.

묶인 끈

마지막으로 양자 끈은 물체가 극단적으로 작을 때 어떤 일이 벌어지는지에 대한 일반적 인식을 뒤집는 개념인, 이중성(duality)이라는 자연의 놀라운 대칭성을 보여준다. 필자는 이중성을 이미 암시한 바 있다. 보통 짧은 끈은 긴 끈보다 가볍지만, 끈의 길이가 최소의 단위인 ls에 이를 정도까지 작아지면 오히려 무게가 늘어난다.

또 다른 대칭성을 보여주는 T-이중성(T-duality)에 따르면, 아주 작거나 아주 큰 추가적 차원은 동등하다. 끈은 점보다 훨씬 복잡한 형태의 움직임을 가질 수 있기 때문에 이런 대칭성이 존재한다. 원통에 아주 얇은 끈이 감겨 있는 경우를 생각해보자. 이 끈의 단면은 원형이다. 끈은 진동할뿐더러, 둘둘 말린 종이를 고무줄로 묶을 때처럼 한 번 또는 여러 번에 걸쳐서 원통을 감을 수 있다. 또한 고무줄이 원통을 감지 않고 원통 표면에 붙어 있는 경우도 생각할 수 있다.

이런 두 가지 상태에서 끈이 필요로 하는 에너지는 원통의 크기에 달려 있다. 원통을 감는 경우라면 원통의 지름에 바로 비례한다. 원통이 크면 끈이 더 늘어나야만 하므로 작은 원통에 감겨 있는 경우에 비해 끈에는 더 많은 에너지가 담겨 있어야 한다. 반면 원통 면에 붙어서 움직이는 경우 끈의 에너지는 원통의 지름에 반비례한다. 원통이 크면 파장이 길어도(주파수가 낮아도) 되므로 끈이 갖고 있는 에너지가 작아도 된다. 만약 원통의 직경이 늘어나면, 감긴 끈과 붙어 있는 두 끈의 운동 상태는 서로 역할을 바꿀 수 있다. 원운동에 의해 만들어지던 에너지가 감김에 의해 생길 수 있고, 반대도 가능하다. 외부 관측자에게는 단지 에너지 수준만 보이므로, 원통의 직경이 크건 작건 물리적으로 동등한 셈이다.

보통 T-이중성을 한 개의 차원(원통 둘레)이 유한한 원통형 공간에서 설명하지만, 무한한 크기의 3차원 공간으로 설명을 확장하는 것도 가능하다. 공간이 무한히 펼쳐진다고 가정할 때는 주의할 점이 있다. 이런 공간은 크기가 항상 무한대이기 때문에 전체 크기가 변하지 않는다. 그럼에도 은하처럼 그 안에 있는 물체 사이의 거리가 멀어진다는 관점에서 보면 이 공간도 여전히 확장될 수가 있다. 가장 중요한 변수는 공간의 전체적인 크기가 아니라, 은하의 적색 편이를 통해 관측되는 은하들 사이의 거리의 비율이다. T-이중성에 따르면 이 비율이 작은 우주와 큰 우주에서 동등하다. 아인슈타인의 방정식에서는 이런 대칭성을 찾아볼 수 없다. 이런 대칭성은 딜라톤이 중심 역할을 하는 끈 이론의 통합성에서 비롯된다.

수년간 끈 이론 물리학자들은 가닥 모양의 끈은 원통을 둘러 싸맬 수 없기 때문에 T-이중성이 닫힌 끈에만 적용된다고 생각했었다. 1995년 캘리포니아 대학 샌타바버라캠퍼스의 조지프 폴친스키(Joseph Polchinski)가 직경이 큰 원통과 작은 원통 사이의 변환이 끈의 양쪽 끝에서의 상태 변화와 동반되는 조건 아래서는 T-이중성이 가닥 모양의 끈에도 적용 가능하다는 것을 보였다. 그때까지 물리학자들은 끈의 양쪽 끝에는 아무런 힘이 가해지지 않아서 끝부분이 마음대로 움직인다는 가정을 하고 있었다. T-이중성이 적용되는 상황에서 양 끝이 아무런 움직임 없이 가만히 있는 이런 조건을 디리클레(Dirichlet) 경계 조건이라고 한다.

어떤 끈이라도 두 가지 종류의 경계 조건을 가질 수 있다. 예를 들어 전자는 열 개의 차원 중 세 개의 차원에서는 양 끝이 자유롭게 움직일 수 있지만 나머지 일곱 개의 차원에서는 그렇지 못한 끈이다. 이 세 개의 차원이 디리클레 막(膜, membrane) 또는 D-브레인(D-brane)이라고 불리는 부분 공간을 이룬다. 1996년 캘리포니아대학 버클리캠퍼스의 페트르 호라바(Petr Horava)와 뉴저지 주 프린스턴고등연구소의 에드워드 위튼(Edward Witten)이 우주가 그런 막 위에 놓여 있다는 이론을 제안했다. 전자를 비롯한 입자들이 부분적으로만 자유롭다는 가정에 의하면 우리가 10차원의 우주를 상상할 수 없는 이유가 설명된다.

양자 끈의 모든 특징에서 볼 때, 끈과 무한대 개념은 어울리지 않는다. 끈은 무한히 작지 않으므로, 무한히 작은 크기라는 개념이 갖는 역설에 빠지지 않는다. 크기가 있고 대칭적이라는 특징은 통상적인 물리 이론에서의 물리량들이 무한히 커질 수 없도록 상한선이 존재하게 하고, 0이 될 수 없도록 하한선도 만든다. 끈 이론을 연구하는 학자들은 우주의 역사에서 시간을 거슬러 올라가면 시공간의 휨이 시작된 순간을 찾을 수 있으리라고 기대한다. 그러나 (빅뱅의 특이점에서의) 무한대로 가는 대신, 한번 최대 값이 되었다가 다시 작아지기 시작한다. 끈 이론이 나타나기 전까지 물리학자들은 특이점을 이처럼 깔끔하게 제거하는 방법을 상상할 수 없었다.

무한대 없애기

빅뱅에 아주 가까운, 시간이 0에 가까울 때의 조건은 워낙 극단적이어서 아직 아무도 방정식을 풀지 못했다. 그럼에도 끈 이론 물리학자들은 빅뱅 이전의 우주도 가능성이 있다고 봤다. 틀릴지도 모르지만 말이다. 대표적인 이론은 두 가지다.

하나는 1991년에 필자가 동료와 함께 만든 빅뱅 이전 시나리오(pre-big bang scenario)로, T-이중성과 시간 역행(time reversal)의 대칭성을 결합한 것이다. 이 이론에 의하면, 시간을 앞으로 보내건 뒤로 보내건 물리 법칙이 항상 성립한다. 이 조합은 새로운 우주의 존재 가능성을 열었다. 말하자면 빅뱅 5초 전에 이미 존재하던 우주가 빅뱅 이후의 우주와 같은 속도로 팽창하고 있었다고 본다. 그러나 두 팽창의 가속도는 달랐다. 만약 우주가 빅뱅 이후에 팽창 속도가 줄어들고 있었다면 그 전에는 가속하고 있었어야 한다. 즉 빅뱅은 우주의 기원이 아니라 가속에서 감속으로 변하는 급격한 변화의 순간이었다는 뜻이다.

이 구상에 의하면 (우주가 지금처럼 균질성과 등방성을 가지려면 어느 시점에선가 팽창이 가속되는 시점이 있었어야 한다는) 표준적인 급팽창 이론의 관점이 자연스럽게 떠받쳐지는 장점이 있다. 표준 이론에서는 팽창의 가속이 빅뱅 이후에만 일어난다. 그러나 빅뱅 이전 시나리오에서는 끈 이론이 제시하는 대칭성 때문에 팽창의 가속이 빅뱅 이전에 나타나게 된다.

시나리오에 따르면 빅뱅 이전의 우주는 빅뱅 이후의 우주가 거의 완벽하게 거울에 비친 모습이다. 우주가 무한한 미래까지 존재한다면 우주에 존재하는 물질들은 아주 띄엄띄엄해지면서 희박해질 것이고, 과거로 무한하다고 해도 마찬가지다. 무한한 과거에 우주에는 거의 아무것도 없었고, 희미하게 펴져 있는 보잘것없는 가스와 물질의 흔적뿐이었다. 딜라톤 장(場)에 의해 조절되는 자연의 여러 힘은 아주 약해서 가스 속의 입자들이 서로 반응하게 만들기에는 부족했다.

시간이 흐르면서 힘이 점점 강해졌고 물질들끼리 끌어당기기 시작한다. 불규칙적으로 우주 여기저기에 물질이 쌓인다. 결국 이런 구역의 밀도가 높아지면서 블랙홀이 형성되기 시작한다. 블랙홀 내부의 물질은 외부와 차단되고, 우주를 단절된 조각으로 만들어버린다.

블랙홀 안에서는 시간과 공간의 역할이 뒤바뀐다. 블랙홀의 중심부는 공간상의 한 점이 아니라 시간상에서의 한 순간이다. 블랙홀에 흡수된 물질이 중심부로 가까이 가면서 밀도가 점점 높아진다. 그러나 밀도와 온도 및 곡률이 끈 이론에서 가능한 최대치에 다다르면, 이 값들은 최대 값에서 아래쪽으로 튕겨져서(bounce) 오히려 줄어들기 시작한다. 이 현상이 일어나는 순간은 처음에는 커다란 폭발이란 의미의 빅뱅(big bang)이라고 불렸으나, 뒤에 커다란 튕김이란 의미의 '빅바운스(big bounce)'로 바뀌었다. 그런 블랙홀 중 하나의 내부가 지금의 우리 우주가 된 것이다.

이처럼 통상적이지 않은 이론이 논란을 불러일으킨 것은 당연하다. 스탠퍼드대학의 안드레이 린데(Andrei Linde)는 이 이론이 관측 결과에 부합하려면 우리 우주를 만들어낸 블랙홀이 (끈 이론에 의한 크기보다 훨씬 더 큰) 아주 심하게 큰 크기여야 한다고 주장했다. 이런 반론에 대한 답은, 수식에 의하면 모든 가능한 크기의 블랙홀이 예측된다는 것이다. 우리 우주는 어떤 이유에서건 그저 충분히 큰 블랙홀 내부에서 시작된 것뿐이다.

프랑스 뷔르쉬르이베트에 있는 고등과학연구소의 티보 다무르(Thibault Damour)와 벨기에 브뤼셀자유대학의 마르코 앙노(Marc Henneaux)가 제기하는 보다 진지한 반론에 따르면, 물질과 시공간은 지금껏 관측된 초기 우주의 규칙성과는 상반되지만 빅뱅 근처였을 때 아주 혼돈한 행태(chaotic behaviour)를 보였었다고 한다. 그러한 혼돈 상태로 인해 밀도 높은 가스가 생산되는데, 그것이 바로 아주 작은 끈 홀(string holes)이다. 이 끈들은 매우 작고 무거워서, 곧 블랙홀이 된다. (이것이 필자가 주장했던 바이다.) 이런 홀(hole)들의 움직임을 통해서 다무르와 앙노가 제기한 문제들을 설명할 수 있다. 캘리포니아대학 산타크루스캠퍼스의 토머스 뱅크스, 텍사스대학 오스틴캠퍼스의 윌리 피슐러(Willy Fischler)도 유사한 의견을 제시했다. 다른 반론도 여전히 존재하며, 이 시나리오에 결함이 있는지는 아직 더 확인해봐야 한다.

빅뱅 이전의 우주에 대한 또 다른 이론은 (그리스어로 '큰 화재'라는 뜻의) 에크피로틱(ekpyrotic) 시나리오다. 현재 펜실베이니아대학에 재직 중인 저스틴 쿠리(Justin Khoury), 프린스턴대학의 폴 스타인하르트(Paul J. Steinhardt), 펜실베이니아대학의 버트 오브럿(Burt A. Ovrut), 고등연구소의 나탄 자이베르그(Nathan Seiberg), 캐나다 워털루에 있는 페리미터이론물리연구소의 닐 튜록(Neil Turok) 등의 우주론자와 끈 이론 물리학자들이 5년 전에 만들어낸 이 이론은, 앞에서 언급한 호라바-위튼의 아이디어, 즉 우리 우주가 더 고차원 공간의 한쪽 끝에 있으며 '숨겨진 막'이 반대쪽 끝에 있다는 생각을 기반으로 한다.

두 막은 서로 끌어당기는 힘을 발휘하며 가끔 충돌도 해서 추가적인 차원이 다시 만들어지기 전에 차원이 0으로 줄어들게 만든다. 빅뱅은 막이 충돌했던 때에 해당한다.

이 이론을 살짝 변형하면 충돌이 주기적으로 일어난다. 두 개의 브레인(brane)이 부딪쳤다가 튕기면서 멀어지고, 다시 서로 끌어당기고 부딪치기를 반복한다. 막은 마치 탄성과 점성이 적당히 들어 있는 실리콘 장난감 실리퍼

*던져도 부서지지 않고 다시 형체가 돌아오는, 주무르는 대로 형체가 변하는 장난감.

티(Silly Putty)* 같아서 서로 멀어질 때는 팽창했다가 다시 가까워질 때는 줄어든다. 멀어졌다가 가까워질 때는 팽창률이 가속된다. 사실 지금 우주의 팽창률이 점차 증가하는 것은 미래에 충돌이 있다는 전조이기도 하다.

빅뱅 이전 시나리오와 대화재 시나리오에는 공통점이 있다. 두 이론 모두 아주 크고, 식어 있고, 거의 비어 있는 우주에서 시작하며 빅뱅 이전과 빅뱅 이후를 연결해 설명해야 하는 (아직 풀리지 않은) 어려운 문제를 안고 있다. 수학적으로 볼 때 두 이론의 가장 큰 차이점은 딜라톤 장(場)의 움직임에 대한 설명이다. 빅뱅 이전 시나리오에서 딜라톤은 아주 낮은 값(이 경우에는 자연에 존재하는 힘이 아주 작다)에서 시작한다. 대화재 시나리오에서는 반대여서, 자연에 존재하는 힘이 가장 작을 때 최후의 충돌이 일어난다.

대화재 이론을 만든 학자들은 처음에 약한 힘을 가정하면 튕김 현상의 해석이 용이해지리라고 생각했지만 아직도 높은 곡률(curvature) 문제를 적절히 해결하지 못하고 있어, 이 이론이 특이점 문제를 깔끔히 마무리할 수 있을지는 여전히 미지수다. 또한 대화재 이론이 우주론에서 일반적인 문제를 설명하려면 아주 특수한 조건을 수반해야만 한다. 예를 들어 충돌 직전의 막들은 거의 완벽하게 서로 평행이어야 한다. 그렇지 않으면 충돌이 일어나도 충분히 균질적인 폭발이 일어나지 못한다. 충돌이 연속적으로 일어난다면 언젠가는 막이 평행이 될 수 있으므로, 대화재가 주기적으로 일어난다고 가정하면 이 문제를 해결할 수 있기는 하다.

7-1

물리학자들은 이 두 가지 이론의 타당성에 대해 수학적 검토를 잠시 제쳐두고, 실제로 관측 가능한 결과가 있는지를 고민해봐야 했다. 언뜻 보기에는 두 이론 모두 물리학 이론이라기보다 흥미롭긴 해도 참인지 거짓인지 판단 자체가 불가능한 형이상학 같다. 하지만 이것은 너무 부정적인 시각이다. 급팽창(inflation)의 자세한 설명과 마찬가지로 빅뱅 이전의 시기에 대해서도 뭔가 실질적인, 특히 우주 마이크로파 배경복사에서 관측되는 작은 변화 같은 관측 결과가 있을 수도 있었다.

첫째, 관측 결과는 온도의 출렁거림이 수십만 년에 걸쳐 음파(acoustic wave)에 의해 형성되었음을 보여준다. 규칙적인 출렁거림은 파동이 동기되어 있다는 사실을 보여준다. 우주론자들은 이런 동기(同期, synchrony)를 설명하지 못해서 지난 몇 년간 우주론에서 여러 가지 가설을 폐기해야만 했다. 급팽창, 빅뱅 이전, 대화재 시나리오는 모두 이 첫 번째 문제를 통과한다. 이들 세 이론에서 파동은 우주 팽창이 가속되는 기간 동안 증폭된 양자의 움직임에 의해 발생하기 시작한다. 파동들의 위상은 맞춰진 상태다.

둘째, 각각의 이론은 각도(angular size)에 따른 온도 출렁거림의 분포를 다르게 본다. 관측 결과에 따르면 모든 크기의 출렁거림이 거의 진폭이 같다. (태초의 출렁거림이 이후의 과정을 거치면서 차이가 매우 작아진 것이다.) 급팽창 이론은 이를 잘 설명한다. 급팽창 과정 중에, 공간의 곡률은 상대적으로 느리게 변화했으므로 상당히 비슷한 조건 아래서 각기 다른 크기의 출렁거림이 만들어졌다. 두 가지 끈 이론 모두에서 곡률은 소규모 출렁거림의 진폭을 증가시키면서 빠르게 변화하지만 큰 규모의 출렁거림을 더욱 자극하는 다른 움직임도 존재하므로, 결국 모든 출렁거림이 같은 정도로 출렁거리게 된다. 대화재 시나리오에서는 다른 움직임(process)들이 충돌하는 막을 분리하는 공간의 추가적 차원에 작용한다. 이 움직임들은 빅뱅 이전 시나리오에서는 딜라톤과 관계가 있는 양자 장(quantum filed)과 액시온(axion)에 작용한다. 한마디로 세 가지 이론 모두 관측 자료에 부합한다.

셋째, 초기 우주에서의 온도 변화는 중력파에 의한 물질의 밀도 변화와 출렁거림이라는 두 가지 서로 다른 과정에 의해 일어날 수 있다. 급팽창은 두 과정 모두와 연관되어 있지만, 빅뱅 이전 시나리오와 대화재 시나리오는 주로 밀도 변화와 관련이 있다. 특정 크기의 중력파는 우주 배경복사에 뚜렷한 편광(偏光, polarization)의 흔적을 남긴다. 만약 이런 흔적이 정말로 존재한다면 확실한 증거가 될 것이며, 유럽우주국의 플랑크 위성 같은 미래의 관측 망원경을 이용하면 이를 확인할 수 있을 것이다.

네 번째 테스트는 출렁거림의 통계적 특성에 적용된다. 급팽창 중에는 출렁거림의 형태가 가우시안(Gaussian) 분포곡선이라고 불리는 종 모양의 곡선을 따른다. 이는 대화재 시나리오에서도 마찬가지인데, 빅뱅 이전 시나리오는 이 곡선의 모습에서 상당히 많이 벗어난다.

마이크로파 배경복사를 분석하는 것만이 이런 이론을 검증하는 유일한 방법은 아니다. 빅뱅 이전 시나리오는 향후의 중력파 관측 장치로 관측이 가능한 주파수의, 마이크로파 배경복사와는 무관한, 불규칙적인 중력파 배경복사를 만들어냈어야 한다. 또한 빅뱅 이전 시나리오와 대화재 시나리오는 전자기장과 관련된 딜라톤 장의 변화와 관계가 있으므로, 두 이론 모두 대규모의 자기장 출렁거림을 유발했을 것이다. 이런 출렁거림의 흔적들은 은하와, 은하들 간의 자기장에 나타날 것이다.

그래서 대체 시간은 언제 시작되었다는 것일까? 아직 과학적인 답은 없지만, 적어도 두 가지 검증 가능한 이론이 우주(그리고 시간)가 빅뱅 이전부터 존재했다고 주장하고 있다. 이 둘 중 한 이론이 옳다면 우주는 항상 존재해왔고, 언젠가 무너지더라도 절대로 끝나지는 않을 것이다.

7-2 시간의 끝이 있을까?

조지 머서 George Musser

우리의 경험으로 보건대, 이 세상에 끝이라는 것은 없다. 죽음 이후에도 시체가 분해되면서 몸을 구성하는 물질이 땅과 공기로 흡수되어 새로운 생명체 창조에 이용된다. 우리는 연속되는 세계의 일부인 것이다. 그러나 언제까지나 이럴까? 미래의 어느 시점에선가 더 이상 '미래'가 없는 시기가 닥치지 않을까? 우울하게 들릴 수도 있지만 현대물리학은 그렇다고 답한다. 시간이라는 것 자체가 끝날 수 있다. 더 이상 모든 움직임이 있을 수 없고, 새로운 시작 같은 것도 없다. 시간의 끝은 모든 것의 끝이 끝남을 의미한다.

우리가 지금 중력에 대해 갖고 있는 인식의 틀을 제공한 아인슈타인의 일반상대성 이론에 이런 무시무시한 결과는 들어 있지 않다. 상대성 이론 이전에는 대부분 물리학자와 철학자가 시간이란 언제 어디서나 동일한, 우주 전체가 함께 발맞춰 가는 박자 같은 것이며 절대로 변하지 않을뿐더러 약해지거나 멈추지도 않는 것이라고 여겼었다. 알베르트 아인슈타인은 우주가 다양한 리듬이 섞인 복잡한 밴드 연주 같다는 것을 보여줬다. 시간은 느리게 갈 수도 있고, 늘어질 수도 있으며, 찢어질 수도 있다. 중력을 느낀다는 것은 떨어지는 물체를 시간이 더 느리게 가는 곳으로 끌고 가는, 시간이 읊는 즉흥시의 리듬을 느끼는 것이나 다름없다. 시간은 마치 드러머와 댄서가 리듬에 맞춰 광란하듯이 물질의 존재와 현재 상태 모두에 영향을 미친다. 그러나 정도가 심해지면 시간은 마치 지나치게 흥분한 드러머가 지쳐 쓰러지듯이 연기처럼 사라지고 만다.

이 순간을 특이점(singularity)이라고 한다. 사실 특이점이라는 용어는 방향에 관계없이 시간의 경계점을 가리키므로 시간의 시작이나 끝 어느 것도 될 수 있다. 가장 잘 알려진 특이점은 137억 년 전에 있었던 빅뱅으로, 그 이후 우주가 (그리고 시간도) 존재하면서 팽창하기 시작했다. 만약 우주가 팽창을 멈추고 다시 수축하기 시작한다면 빅뱅을 뒤집은 것과 마찬가지, 즉 빅크런치(big crunch)가* 될 테고 시간도 벽에 부딪힐 것이다.

* 대붕괴(大崩壞).

시간이 모든 곳에서 사라지는 것은 아니다. 상대성 이론에 의하면, 시간이 블랙홀 안에서는 사라지지만 우주의 나머지 공간에서는 여전히 존재한다. 블랙홀이라고 하면 모든 것이 뭉개지는 것을 연상하겠지만, 어쩌면 그 이상일 수도 있다. 우주선을 타고 사람이 블랙홀 속에 들어간다면 몸이 갈기갈기 찢어지는 것은 물론이고, 중심에 있는 특이점에 다다르면서 시간도 끝이 난다. 이제 여기서는 새로운 탄생이란 없다. 아무것도 순환하지 않는 것이다. 그러나 이 죽음은 소설 속 주인공의 죽음과 같아서, 강렬한 메시지를 가진 장렬한 죽음이라고 해야 한다.

물리학자들은 상대성 이론이 예측하는, 재탄생 없는 죽음이란 곤란한 개념을 어떻게 받아들여야 하는가 때문에 수십 년간 골머리를 썩었다. 오늘날까지도 명확한 답은 없다. 물리학자들이 아인슈타인의 이론과 양자역학을 하나로 합쳐 하나의 이론으로 물리학을 포괄하는 양자중력 이론(quantum theory of gravity)을 만들려는 가장 큰 이유가 특이점인 것은 분명하다. 특이점을 말끔히 설명하고 싶은 것도 이런 이론을 만들려는 이유 중 하나이다. 하지만 주의할 점이 있다. 시간에 끝이 있다는 개념은 상상하기 어렵지만, 시간에는 끝이 없다는 개념 또한 마찬가지로 역설적이기 때문이다.

아인슈타인 훨씬 이전부터 오랜 세월 동안 철학자들은 시간이란 과연 영원한 존재인가에 대해 논쟁을 벌였다. 임마누엘 칸트는 이 주제가 무엇을 생각해야 할지 모르게 만드는 '이율배반적(二律背反的)' 주제라고 여겼다.

필자의 장인이 공항에 도착하고 보니 비행기가 이미 출발해 곤란한 지경에 빠진 적이 있다. 항공사 직원은 '오전 12시'가 새벽 0시임을 몰랐던 장인의 탓으로 돌렸다. 그러나 장인이 혼란스러워한 것도 충분히 이해가 간다. 공식적으로는 '오전 12시'라는 시각이 존재하지 않는다. 자정은 하루의 끝이면서 시작이기도 하다. 하루를 24시간으로 나누면 24:00은 00:00이기도 하니까.

아리스토텔레스도 모든 순간은 어떤 시기의 끝이자 새로운 시기의 시작이고, 모든 사건은 무엇인가의 결과이자 다른 어떤 사건의 원인이 된다고 설명하면서, 시간에는 시작도 끝도 있을 수 없다는 주장을 했다. 그렇다면 대체 시간이 어떻게 끝날 수 있단 말인가? 무엇이 마지막으로 일어난 사건이 다른 사건의 원인이 되지 않게 만들 수 있을까? 사실 '끝'이란 개념 자체가 시간의 존재를 전제로 하는데, 시간의 '끝'이라는 개념은 어떻게 정의할 수 있을까? "논리적으로 시간의 끝이 있다는 논리는 불가능해요"라고 옥스퍼드대학의 철학자 리처드 스윈번(Richard Swinburne)이 이야기한다. 그러나 시간의 끝이 없다면 우주는 영원히 존재해야 하고, 무한이라는 개념 위에 만들어진 수많은 수수께끼 같은 개념을 마주해야 한다. 철학자들은 무한이 그저 수학적인 개념이 아니라는 생각을 어이없어했다.

빅뱅(대폭발) 이론이 받아들여지고 블랙홀이 발견되면서 모든 질문의 답이 구해진 듯 보였다. 우주는 특이점을 떠나 일시적으로는 고통스러운 대변동을 겪었다. 설령 대붕괴(big crunch)를 피한다고 해도 언젠가는 대파열(大破裂, big rip), 대냉각(大冷却, big freeze), 대정지(大停止, big break)에 의해 종말을 맞을 수도 있다. 그렇다면 (크건 작건) 특이점이란 실제로 무엇이냐는 질문을 던질 수 있고, 이에 대한 확실한 답은 아직까지 없다. "특이점에 대해서는 아직 분명히 알지 못합니다." 앤아버에 있는 미시간대학교의 물리철학자 로렌스 스클라(Lawrence Sklar)의 말이다.

어찌 보면 황당한 이런 이론들이 어떤 이론에서 비롯되었는지는 분명치 않다. 한 예로 상대성 이론은 빅뱅의 특이점의 순간을 우리가 보는 모든 은하가 시작된 수학적 의미의 한 점(그냥 작은 점이라는 의미가 아니라 정말로 크기가 0인 점)으로 간주한다. 마찬가지로 블랙홀에 들어간 우주 비행사의 몸을 구성하던 입자도 한 점으로 압축된다. 두 경우 모두에서 밀도를 계산하려면 질량을 0의 크기를 갖는 부피로 나누어야 하므로 얻어지는 값은 무한대다. 한편 밀도는 무한대가 아니지만 다른 값이 무한대가 되는 또 다른 종류의 특이점들도 존재한다.

시간의 종말

아인슈타인의 일반상대성 이론에 의하면, 시간은 여러 가지 으스스한 방법으로 종말을 맞이할 수 있다. 블랙홀이 만들어지면 물질의 밀도가 높아지면서 중력이 점점 강해지고, 이에 의해서 밀도가 높아지고 다시 중력이 더 강해지는 현상이 반복적으로 일어나면서 중력과 밀도 모두 무한히 커지게 된다. 이런 상태를 특이점이라고 한다(아래 그림). 물질은 더 이상 존재하지 않고, 이 공간에서는 시간도 존재하지 않는다. 우주 전체에 이런 일이 일어날 수도 있다.

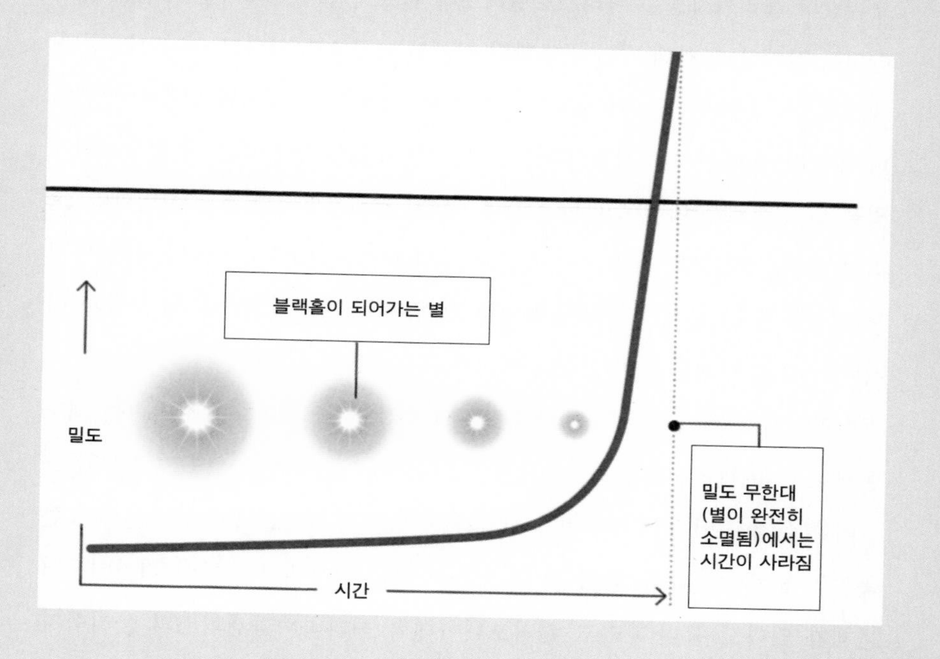

7-2

새로운 이론

오늘날의 물리학자들은 아리스토텔레스나 칸트처럼 무한대라는 개념을 싫어하지는 않지만, 무한대 개념이 포함된 이론이 너무 지나치다고 느끼기는 한다. 예를 들어 빛을 광선(光線, ray)으로 설명하는 중학교 교과서의 내용은 안경이나 유령의 집에 설치된 거울의 원리를 깔끔하게 설명한다. 또한 렌즈에 들어온 빛을 한 점으로 모아서 무한한 강도를 갖는 점이 형성되는 것도 설명한다. 그러나 실제로 빛은 한 점에 모이지 않고 과녁 같은 동심원의 형태로 모인다. 강도가 높을 수는 있지만 항상 유한하다. 빛을 광선으로 설명했을 때 오류가 나타나는 것은, 사실은 빛이 광선이 아니라 파동이기 때문이다.

마찬가지로 거의 모든 물리학자들은 우주의 특이점들이 큰 값이기는 해도 실제로는 유한한 밀도를 가졌을 것으로 추정한다. 상대성 이론은 중력이나 물질이 특이점 근처에서 보여주기 시작하는 역할과, 밀도를 유지한다는 중요한 측면을 놓치는 실수를 범했다. "대부분 사람들은 상대성 이론이 거기서부터 문제가 있다고 봅니다"라고 캘리포니아대학 샌타바버라캠퍼스의 물리학자 제임스 하틀(James B. Hartle)이 말한다.

정확히 어떤 일이 벌어질지 알아내려면 양자중력 이론을 동원해야 한다. 물리학자들은 여전히 이 이론을 완성하려 애쓰고 있으며, 이를 위해서는 양자역학의 핵심적 요소를 포괄해야 한다고 생각한다. 즉 물질도 빛처럼 파동의 특성을 가져야 한다는 것이다. 이런 특성은 특이점을 점이 아니라 작은 덩어리로 보게 함으로써 특이점의 밀도를 구할 때 0으로 나누는 불상사가 사라지도록 만든다. 그렇다면 시간은 아마도 끝나지 않을 것이다.

물리학자들은 두 가지 모두를 놓고 논쟁 중이다. 일부는 시간이 언젠가는 끝난다고 생각한다. 이 관점의 문제는 지금의 물리학 법칙이 모두 시간에 의존해 물체의 움직임과 진행을 설명한다는 점이다. 여기에 시간의 종말 순간이라는 개념은 들어 있지 않다. 그러므로 시간의 종말을 설명하려면 새로운 물리 법칙이 아니라, 물체의 운동이나 변화가 아닌 기하학적 우아함을 다루는 새로운 형태의 물리 법칙이 필요해진다. 싱가포르국립대학의 브렛 맥인스(Brett McInnes)가 3년 전에 제시한 이론은 양자중력 이론의 가장 유력한 후보가 되는 이론(끈 이론)의 아이디어에 의존한다. 그에 따르면 오래전의 우주는 도넛 모양(torus)이었다. 이 형태와 관련된 수학의 정리들 때문에 우주는 아주 균일하고 매끄러워야 했다. 그러나 빅크런치나 블랙홀의 특이점에서 우주는 어떤 모양이든 가질 수 있으며, 앞의 그 수학적 논리가 적용되지 않아도 된다. 우주는 전반적으로 볼 때 극도로 너덜너덜해진다. 이런 식의 물리학적 기하 법칙은 일반적인 동역학 법칙과 시간에 대해 대칭적이지 않다는 점에서 결정적으로 다르다. 한쪽 끝이 거꾸로 시작할 때 다른 쪽의 시작이 아닌 것이다.

양자중력 연구자들 중 일부는 시간이 시작도 끝도 없이 무한히 펼쳐진 것이라고 여긴다. 이 관점에 따르면 빅뱅은 단지 우주의 영원한 역사에서 조금 극적인 순간이었을 뿐이다. 어쩌면 빅뱅 이전의 우주가 대붕괴(big crunch)를 겪기 시작한 뒤, 파괴의 정도가 너무 심해졌을 때 대반동(big bounce)이 일어났는지도 모른다. 이런 사건의 흔적이 지금까지 남아 있을 수도 있다. 유사한 논리로, 블랙홀의 중심부에 있는 특이 덩어리가* 작은 별처럼 끓어올랐을 수도 있다. 사람이 블랙홀에 빠진다면 고통스런 죽음밖에 없겠지만, 적어도 당사자에게 시간은 흐르지 않을 것이다. 분해된 몸의 입자는 덩어리의 일부가 되어 뚜렷한 흔적을 남길 테고, 후손들이 블랙홀에서 새어 나오는 희미한 빛에서 이를 발견할지 누가 알겠는가.

*특이점에 비교해서 크기가 있는 개념.

시간이 흘러간다고 가정하면, 이 이론은 새로운 형태의 물리 법칙을 필요로 하지 않는다. 그러나 여전히 문제는 있다. 예를 들어 우주가 시간이 흐름에 따라 점점 무질서해지고 이런 상태가 무한히 계속된다면 왜 지금은 그 상태에 이르지 않은 것일까? 블랙홀에서 죽은 사람의 흔적이 담긴 빛이 중력을 이기고 빠져나올 수도 있지 않을까?

핵심은 물리학자들도 철학자 못지않게 이율배반과 싸우고 있다는 것이다. 고인이 된 양자중력 이론의 선구자 존 아치볼드 휠러는 "아인슈타인의 방정식은 '이것이 끝이다'라고 말하고 있고, 물리학은 '끝은 없다'라고 한다"라고 적었다. 이 딜레마에 대해 일부 사람들은 더 이상 파고들기를 포기하면서 과학은 절대로 시간이 끝날지 안 끝날지 알아낼 수 없을 것이라는 결론을 내린다. 그들에게 시간의 시작과 끝은 논리와 경험적 관찰의 시작과 끝인 셈이다. 그러나 일부는 지금까지의 연구에 조금만 새로운 생각을 더하면 답을 얻을 수 있으리라 기대한다. 캘리포니아대학 샌타바버라캠퍼스의 물리학자 게리 호로비츠(Gary Horowitz)는 "물리학을 벗어난 게 아닙니다. 양자중력 이론이 확실한 답을 줄 수 있을 겁니다"라고 이야기한다.

사라져가는 시간

웅장한 표현, 다채로운 내용, 그저 공상과학영화의 탈만 쓴 것이 아니라 모순으로 가득 찬 영화 〈2001 스페이스 오디세이(2001 : A Space Odyssey)〉에 나오는 할(HAL9000)은 단지 컴퓨터에 불과하지만 이 영화에서 가장 인간적인 기질을 가진 존재이기도 하다. 심지어 이 기계의 죽음은 인간의 죽음을 연상시킨다. 데이브가 기판을 끄집어내자 할은 정신적 기능을 점차로 상실해가면서 어떤 느낌인지를 하나씩 이야기한다. 죽은 사람이라면 할 수 없는 일이지만, 그는 후회되는 일을 분명히 표현한다. 인간은 우리가 알고 있는 가장 복잡한 구성체이고, 인간의 출현과 사라짐은 삶과 삶이 아닌 것 사이의 황혼을 지나쳐 간다. 현대 의학은, 예전 같으면 살아남지 못할 미숙아를 살리고 이미 살릴 수 없는 지경에 이른 환자를 살려내는 것에서 보듯이, 이 황혼에 빛을 비춘다.

물리학자와 철학자들이 시간의 끝과 싸우는 동안, 다른 많은 사람들은 생명을 대상으로 똑같은 싸움을 벌이고 있다. 생명체가 생명이 없는 분자의 복합체로 이루어져 있듯이, 시간도 무엇인가 시간이 아닌 요소에서 비롯된 것일 수도 있다. 시간의 세계는 고도로 체계적인 곳이다. 시간은 사건이 언제, 얼마나 오랫동안, 어떤 순서로 일어났는지를 알려준다. 이런 구조는 시간에게 외부에서 주어진 것이 아니라 시간 자체의 특성이기 때문일 수도 있다. 일어날 수 있는 일이 안 일어날 수도 있는 법이다. 이 구조가 무너지면, 시간은 종말을 맞이한다.

이런 생각을 바탕으로 보면, 다른 복잡한 시스템이 분해되는 것처럼 시간의 종말도 결코 역설적이지 않다. 하나씩 차례대로 시간은 시간의 특징을 잃으면서 존재에서 무(無)로 가는 황혼을 지나고 있다.

가장 먼저 사라질 특징은 시간의 '화살'이 과거에서 미래로 향한다는 시간의 일방성(一方性, unidirectionality)이다. 물리학자들은 19세기 중엽부터 시간의 화살이 시간 자체의 특성이 아니라 물질의 특성이라고 생각하기 시작했다. 시간은 태생적으로 양방향성을 갖는다. 우리가 생각하는 화살이란, 어린아이나 애완동물을 키우는 사람이라면 금방 이해하겠지만, 단지 물질이 체계적인 상태에서 혼돈으로 향하는 자연적인 과정이다. (원래의 체계적인 상태는 맥인스가 생각했던 기하학적 원리 덕분에 존재한다.) 이런 추세가 지속되면, 우주는 더 이상 아무런 변화가 일어나지 않는 '열 죽음(heat death)'이라는 안정적 평형 상태에 다다른다. 각각의 입자는 계속 섞이겠지만 우주 전체로는 변화가 멈추고, 남아 있는 시계가 있다면 양방향으로 흔들리고 미래는 과거와 구분할 수 없게 될 것이다. 몇몇 물리학자들은 화살이 방향을 틀어서 우주가 다시 예전의 상태로 돌아갈 것이라고 생각하지만, 시간의 화살이 미래로 갈 때만 의미가 있는 존재인 생명체들에게 그런 우주의 방향 전환은 열 죽음이나 마찬가지로 시간의 끝을 의미할 뿐이다.

모호한 정체

최근의 연구는 시간의 화살이 시간이 스스로를 소모함에 따라 잃어버릴 수 있는 특성이라고 주장하기도 한다. 또 다른 이론은 기간(其間, duration) 개념이다. 우리가 알고 있는 시간에는 초, 분, 시, 일, 연 같은 크기가 있다. 그렇지 않다면 어떤 사건이 일어난 순서는 알아도 사건이 지속된 시간은 알 수 없다. 이 이론은 옥스퍼드대학의 물리학자 로저 펜로즈가 2010년 미국에서 출간한 《시간의 순환 : 우주에 대한 황당할 정도의 새로운 관점(Cycles of Time : An Extraordinary New View of the Universe)》에 실려 있다.

펜로즈는 자신의 연구 인생 대부분을 시간과 관련된 내용에 쏟았다. 그와 케임브리지대학의 물리학자 스티븐 호킹은 1960년대에 특이점들이 특별한 조건에서만 나타나는 것이 아니라 어디서든 나타날 수 있다는 것을 보였다. 또한 블랙홀에 들어간 물질에게 그 이후의 시간이란 존재하지 않으며, 아주 근본적인 물리학 이론에는 시간이 포함되지 않는다고 주장했다.

펜로즈의 가장 최근 연구는 아주 초기 우주에 대한 관찰에서부터 시작한다. 이때의 우주는 마치 레고 블록이 들어 있는 박스를 방바닥에 쏟아놓은 것 같은 상태여서 아직 아무것도 만들어지지 않은, 뒤죽박죽인 쿼크와 전자 등의 입자 더미다. 이런 상태에서 시작해서 원자, 분자, 별, 은하 같은 구조가 단계적으로 만들어져간다. 첫 단계는 세 개의 쿼크를 합쳐서 10^{-15}미터 크기의 양성자와 중성자를 만드는 일이다. 빅뱅(혹은 빅바운스건 무엇이건)이 일어난 지 10만 분의 1초 만의 일이었다.

그전까지는 아무것도 서로 얽힌 것이 없었기 때문에 구조체라고 불릴 만한 것이 없었다. 그러므로 시계로 동작할 만한 것이 없었다는 뜻이다. 시계의 진동은 추진자의 흔들림, 두 거울 사이의 거리, 원자 궤도의 크기처럼 규칙적이고 잘 정의된 기준이 있어야 한다. 그런데 아직 그런 기준이 존재하지 않았다. 입자 더미가 일시적으로 한곳에 몰릴 수는 있었겠지만, 여기에는 고정된 크기가 없기 때문에 아직은 시간이 만들어지지 않는다. 각각의 쿼크와 전자도 고정된 크기가 없으므로 역시 기준이 될 수는 없다. 물리학자들이 아무리 입자를 가까이서 들여다봐도 보이는 것은 모두 점이다. 이런 입자들의 특성 중에 크기라는 것을 이야기할 수 있는 것으로 양자 효과의 규모를 정하는 이른바 콤프턴(Compton) 파장이 있는데, 질량에 반비례한다. 또한 이 입자 무리에게는 빅뱅 이후 1,000억 분의 1초가 지나 질량이 주어지기 전까지는 이런 기본적인 크기 비교의 대상조차 존재하지 않았다.

펜로즈는 "시계 같은 건 없습니다. 사물은 시간을 어떻게 재는지 몰라요"라고 이야기한다. 규칙적인 시간 간격을 잴 방법이 없으면, 1조 분의 1초가 지났건 1,000조 분의 1초가 지났건 이런 원시 입자들에게는 아무런 차이가 없는 것이다.

펜로즈는 이런 상태가 아주 먼 과거뿐 아니라 먼 미래에서도 마찬가지라고 주장한다. 먼 미래에 모든 별이 수명을 다하면 우주는 블랙홀과 드문드문 흩어진 입자만 남아 있는 수프나 마찬가지가 될 것이다. 그리고 마침내는 블랙홀조차도 사라지고 입자들만 남을 것이다. 대부분 입자는 광자같이 질량이 없는 것들일 테고, 우주 초기에 그랬던 것처럼 시계를 만들 수 없는 상태가 된다. 빅크런치 같은 유사 이론에서도 시계라는 관점에서의 상황은 비슷하다.

어쩌면 기간이라는 개념이 비록 측정할 수는 없어도 여전히 추상적 개념으로는 존재하지 않을까 생각할 수도 있다. 그러나 연구자들은 측정될 수 없는 물리량이 개념적으로라도 존재할 수 있느냐에 대해 회의적이다. 이들이 보기에 시계를 만들 수 없다는 것은 시간이라는 특성 자체가 존재하지 않는다는 것과 마찬가지다. "만약 시간이 시계를 이용해 측정되는 것이라면, 시계가 없다면 시간도 없는 것이죠"라고 초기 우주에서 시간의 소멸에 대해 연구했던 스페인 그라나다대학의 물리철학자 헨리크 칭커나겔(Henrik Zinkernagel)이 이야기한다.

펜로즈의 시나리오가 우아하긴 해도 약점은 물론 있다. 먼 미래에 모든 입자가 질량이 없는 상태가 되지는 않을 것이다. 적어도 일부의 전자가 남아 있을 테니 이를 이용하면 시계를 만들 수 있다. 펜로즈는 전자가 어떤 식으로건 점차 줄어들고 질량을 잃어갈 것이라고 생각하지만, 그도 자신의 이론이 아주 견고하지는 않다는 점을 인정한다. "그 부분이 바로 제 이론에서 부족한 부분입니다." 또한 초기 우주가 크기의 개념 또한 없었다면 어떻게 팽창하고 줄어들고 식을 수 있단 말인가?

펜로즈의 이론이 뭔가 대단한 점을 찾아낸 것이라면, 여기엔 큰 의미가 내포되어 있다. 비록 아주 밀도가 높았던 초기 우주와 거의 텅 빈 미래의 우주가 마치 남극과 북극처럼 동떨어진 존재로 보이겠지만, 시계가 없고 크기를 잴 기준이 없다는 면에서는 두 우주가 마찬가지다. 펜로즈는 "빅뱅은 아주 먼 미래와 굉장히 비슷합니다"라고 말한다. 그의 대담한 추측에 따르면, 이 두 우주는 거대한 우주적 과정에서 볼 때 동일한 단계에 해당한다. 시간이 끝날 때, 시간은 다시 새로운 빅뱅 주위를 어슬렁거릴 것이다. 오랫동안 특이점이란 시간의 종말을 의미한다고 주장해온 펜로즈는, 어쩌면 시간이 계속 가도록 만들 방법을 찾았는지도 모를 일이다. 시간을 죽인 사나이가 시간을 구하는 것이다.

정지한 시간

기간이라는 개념이 무의미해지고, 1조 분의 1초와 1,000조 분의 1초의 구분이 모호해진다고 해도 시간이 완전히 죽었다고는 말할 수 없다. 시간은 누구에게나 동일하게 보이면서 여전히 원인과 결과의 연속으로 이어지는 사건을 지휘하는 지휘관이다. 이런 관점에서 본다면 시간은 공간과 다르다. (키보드를 두드리고 바로 글자가 화면에 표시되는 것처럼) 시간적으로 아주 근접한 두 사건은 불가분하게 연결되어 있다. 그러나 (키보드와 키보드에 붙여놓은 메모지처럼) 공간상에서 아주 근접한 두 물체는 서로 아무런 상관이 없을 수 있다. 공간적 관계는 시간적 관계처럼 긴밀하지 않은 것이다.

특정 조건에서는 시간이 이런 기본적인 순서 기능을 상실하고 공간과 마찬가지가 될 수 있다. 이 아이디어는 호킹과 하틀이 빅뱅을 시간과 공간이 분리되기 시작한 순간으로 설명하려던 때로 거슬러 올라간다. 몇 년 전에 스페인 살라망카대학의 마르크 마르스(Marc Mars)와 스페인 바스크대학의 호세 세노비야(José M. M. Senovilla)와 라울 베라(Raül Vera)가 유사한 아이디어를 제시했는데, 이들이 적용한 대상은 시간의 시작이 아니라 끝이었다.

이들은 4차원으로 이루어진 우리 우주(3차원의 공간, 1차원의 시간)가 더 높은 차원을 갖는 우주의 바람에 나부끼는 막(膜, membrane) 또는 줄여서 브레인(brane)이라는 끈 이론의 영향을 받았다. 우리는 마치 나뭇잎을 기어 올라가는 애벌레처럼 막에 붙어 있다는 것이다. 보통 우리는 4차원 시공간이라는 감옥 안에서 자유롭다. 그러나 막이 격렬히 요동칠 때 살아남으려면 그저 막을 붙들고 있는 수밖에 없고, 그때는 움직일 수가 없다. 막을 뚫고 나아가려면 빛의 속도보다 빠르게 움직여야 하지만, 그것은 불가능하다. 모든 과정은 어떤 형태로든 움직임과 연관되어 있고, 모든 움직임은 점차 멈추게 된다.

외부에서 본다면, 우리 삶에서 계속해서 이어진 순간으로 이루어진 시간의 배열은 끝나는 것이 아니라 단지 휘어서 공간을 가로지르는 선이 될 뿐이다. 막은 여전히 4차원이지만 네 개의 차원이 모두 공간의 차원이 된다. 마르스는 물체가 "막에 의해서 궁극적으로 궤적이 빛의 속도가 될 때까지 움직이고, 빛의 속도를 넘게 되면 시간이 사라집니다. 핵심은 물체의 입장에서는 이를 전혀 알지 못한다는 점입니다"라고 설명한다.

모든 시계가 정지에 이르게 되기 때문에 시간이 공간에 녹아드는 것을 알아챌 방법은 없다. 우리 눈에는 은하 같은 물체가 빨라지는 것처럼 보일 뿐이다. 무서운 이야기지만, 이는 실제로 천문학자들이 관측하는 내용이고, 보통

이 힘을 정체를 모르는 '암흑 에너지'라고 부른다. 우주 팽창의 가속이 시간에게는 백조의 노래인 것은 아닐까?

끝나가는 시간

이 단계에 이르면, 시간은 무(無)의 상태에 가까워 보인다. 하지만 시간의 그림자는 아직 남아 있다. 기간이나 원인과 결과 같은 개념은 더 이상 적용할 수 없지만, 아직은 사건들이 일어난 시간을 기록하고 나열할 수 있다. 여러 끈 이론 연구팀에 의해서, 시간에게 마지막으로 남아 있는 이 특성이 어떻게 사라질 수 있는지에 대한 연구의 진전이 있었다. 시카고대학의 에밀 마티넥(Emil J. Martinec)과 사브딥 세티(Savdeep S. Sethi), 텍사스A&M대학의 대니얼 로빈스(Daniel Robbins), 스탠퍼드대학의 호로비츠와 에바 실버스타인(Eva Silverstein), 브랜다이스대학의 앨비언 로렌스(Albion Lawrence) 등이 끈 이론의 가장 강력한 아이디어인 홀로그래픽 원리(holographic principle)를 이용해 블랙홀 특이점에서 시간에게 어떤 현상이 일어나는지 연구했다.

홀로그램(hologram)은 깊이감을 갖는 영상 표현 방법으로, 비록 평면에 표현되지만 공간상에 3차원 물체가 있는 것처럼 보이도록 만들어진다. 홀로그래픽 원리는 우주가 마치 홀로그래픽 영상처럼 투사되었다는 것이다. 양자 입자들의 복잡한 상호작용이 원래는 존재하지 않는, 공간이라는 깊이감을 만들어낸다.

그러나 모든 영상이 홀로그램은 아니다. 영상이 특정한 방식으로 만들어져야만 홀로그램이 된다. 홀로그램을 만지려고 해도 홀로그램은 허상일 뿐이다. 마찬가지로 입자로 이루어진 모든 시스템이 우리 우주처럼 되는 것은 아니다. 우주가 되도록 만들어져야만 우주가 되는 것이다. 만약 시스템에 최초에 필요한 규칙성이 결여되어 있지 않고 이를 발전시켰다면 공간이 존재하게 된다. 만약 시스템이 다시 혼돈 상태로 되돌아간다면 공간은 왔던 곳으로 사라진다.

이제 별이 블랙홀이 되는 과정을 생각해보자. 별은 우리 눈에 3차원의 모습으로 보이지만 2차원 입자 시스템의 패턴에 대응되기도 한다.* 별의 중력이 점점 커지면서 별에 딸린 행성의 움직임이 격렬해진다. 특이점이 만들어지면 모든 질서가 무너진다. 이 과정은 마치 얼음 덩어리가 녹는 과정과 비슷하다. 물 분자는 규칙적인 수정 배열에서 불규칙한 액체 상태로 변한다. 결국 세 번째 차원이 말 그대로 녹아 없어지는 것이다.

*실제로는 3차원 형상이어도 눈에 보이는 모습은 2차원이라는 의미다.

시간도 마찬가지다. 만약 우리가 블랙홀에 떨어진다면 손목시계가 가리키는 시간은 녹아 없어지고 있는 공간의 차원 안에서 블랙홀 중심까지의 거리에 의해서 결정된다. 바로 그 차원이 없어지면서 시계는 제멋대로 돌기 시작하고 사건이 특정한 시간에 일어났는지, 물체가 특정한 위치에 있는지 판단할 수 없게 된다. "시공간이라는 보편적인 기하학적 개념이 사라지는 겁니다"라고 마티넥이 설명해준다.

이것이 실제로 의미하는 것은 공간과 시간이 이 세상에게 더 이상 아무런 구조를 제공하지 않는다는 것이다. 물체의 위치를 측정하려면 물체들이 하나

이상의 장소에 존재해야 한다. 공간적으로 분리된다는 개념은 이제 아무런 소용이 없다. 물체가 한곳에서 다른 곳으로 그 사이에 있는 공간을 지나지 않고도 가로지를 수 있다. 이것이 바로 다시는 돌아올 수 없는 경계선인 블랙홀의 사건 지평선을 넘어간 불쌍한 우주 비행사의 흔적이 바깥으로 나올 수 있는 방법이다. "만약 공간과 시간이 특이점 근처에 위치하지 않는다면, 사건 지평선을 제대로 정의할 수가 없습니다." 호로비츠의 말이다.

다른 말로 하면, 끈 이론은 뭔가 잘못된 한 점을 마음에 드는 다른 것으로 대치하면서 나머지 우주는 손대지 않는 식으로 특이점을 그저 덧칠해서 없애는 것이 아니다. 끈 이론은 오히려 공간과 시간의 개념을 보다 상세히 나누어 특이점과 무관하게 그 의미를 파헤치는 것이다. 이 이론이 입자로 이루어진 세상에서 태곳적에도 시간의 의미를 필요로 한다는 점은 분명하다. 과학자들은 시간 개념이 필요 없는 동역학을 만들어내려 애쓰고 있다. 그때까지는 시간이 확고히 자리 잡고 있을 것이다. 시간은 물리학에 아주 깊게 뿌리 내리고 있으므로 과학자들은 아직 시간이 완전히 사라진 상황을 상상하지 못한다.

과학은 이해할 수 없는 대상을 분석해가는 힘든 여정의 작은 발자국들이 모여서 그 대상을 이해하는 과정이다. 시간의 종말에 대해서도 마찬가지다. 시간에 대해 생각할 때 우리는 우주에서 우리가 차지하고 있는 생명체라는 위치에 대해 더욱 감사하게 된다. 시간이 점점 부족해진다는 특징은 생명체의 존재에는 필수적이다. 우리가 살아가려면 시간이 한 방향으로 흘러야만 한다. 복잡한 구조를 가능하게 만들어주는, 기간과 크기라는 개념도 있어야 한다.

사건의 과정이 존재하려면 원인과 결과라는 순서도 필요하다. 육체가 순서라는 작은 주머니를 만들어내려면 공간도 필요하다. 이런 모든 것이 녹아내린다면 우리가 살아갈 수 없을 것이다. 시간의 끝은 상상이 가능하지만, 아무도 우리가 지금 이 순간 자신의 죽음에 대해 의식하는 것처럼 이를 직접 경험할 일은 없을 것이다.

먼 후손들이 시간의 종말에 다가갈 때, 후손들은 점점 더 적대적인 우주에 맞서야 할 테고 애써본들 달리 피할 방법도 없을 것이다. 사실 우리는 시간의 종말에 그저 앉아서 당해야만 하는 존재가 아니라 가해자다. 우리는 살아 있는 동안 에너지를 열로 바꾸며 우주의 쇠락에 일조하고 있지 않은가. 시간은 없어지겠지만 우리는 살지도 모를 일이다.

출처

이 책《시간의 미궁》에 수록된 글들은 Scientific American Vol. 21, No. 1 (Spring 2012) 특별판에 최초 게재되었다.

1. History and Philosophy

1-1 Real Time _ Gary Stix

1-2 That Mysterious Flow _ Paul Davies

1-3 A Hole at the Heart of Physics _ George Musser

2. The Human Side

2-1 Times of Our Lives _ Karen Wright

2-2 Remembering When _ Antonio Damasio

2-3 Clocking Cultures _ Editors

3. Machines and Measures

3-1 A Chronicle of Timekeeping _ William J. H. Andrews

3-2 Ultimate Clocks _ W. Wayt Gibbs

4. Physics

4-1 Is Time an Illusion? _ Craig Callender

4-2 What Keeps Time Moving Forward _ John Matson

4-3 Atoms of Space and Time _ Lee Smolin

4-4 Inconstant Constants _ John D. Barrow and John K. Webb

5. It's all Relative

5-1 Time and the Twin Paradox _ Ronald C. Lasky

5-2 How Time Flies _ John Matson

6. Beyond Time

6-1 How to Build a Time Machine _ Paul Davies

7. The Alpha and the Omega

7-1 The Myth of the Beginning of Time _ Gabriele Veneziano

저자 소개

가브리엘레 베네치아노 Gabriele Veneziano, 콜레주드프랑스 교수(끈 이론 창시자)

게리 스틱스 Gary Stix, 《사이언티픽 아메리칸》 기자

로널드 래스키 Ronald C. Lasky, 다트머스대학교 교수

리 스몰린 Lee Smolin, 페리미터이론물리연구소 연구원, 워털루대학교 교수

안토니오 다마지오 Antonio Damasio, 서던캘리포니아대학교 교수

웨이트 깁스 W. Wayt Gibbs, 과학 저술가

윌리엄 앤드루스 William J. H. Andrews, 과학 저술가

조지 머서 George Musser, 《사이언티픽 아메리칸》 기자, 과학 저술가

존 맷슨 John Matson, 과학 저술가

존 배로 John D. Barrow, 케임브리지대학교 교수

존 웹 John K. Webb, 뉴사우스웨일스대학교 교수

카렌 라이트 Karen Wright, 랭커스터대학교 교수

크레이그 캘린더 Craig Callender, 캘리포니아대학교 교수

폴 데이비스 Paul Davies, 애리조나주립대학교 교수

한림SA **03**

과거에서 미래로,
시간은 과연 흐르고 있을까?

시간의 미궁

2016년 6월 10일 1판 1쇄

엮은이 사이언티픽 아메리칸 편집부
옮긴이 김일선

펴낸이 임상백
기획 류형식
편집 김좌근
독자감동 이호철, 김보경, 전해윤, 김수진
경영지원 남재연

ISBN 978-89-7094-874-4 (03420)
ISBN 978-89-7094-894-2 (세트)

펴낸곳 한림출판사
주소 (03190) 서울시 종로구 종로 12길 15
등록 1963년 1월 18일 제 300-1963-1호
전화 02-735-7551~4
전송 02-730-5149
전자우편 info@hollym.co.kr
홈페이지 www.hollym.co.kr
페이스북 www.facebook.com/hollymbook

표지 제목은 아모레퍼시픽의 아리따글꼴을 사용하여 디자인되었습니다.